U0380574

普通高等教育"十三五"规划教材

大学物理实验报告·学习指导

主编 陈 杰 刘国营

参编 胡永金 陈 伟 吴云沛 曾维友

　　　　毛书哲 周晓红 吕东燕 李星星

机械工业出版社

本书根据教育部制定的《理工科类大学物理实验课程教学基本要求（2010 年版）》，结合湖北汽车工业学院专业设置特点和大学物理实验中心仪器设备的实际情况，在多年教学实践的基础上编写而成，全书共 32 个实验，内容包括力学、热学、光学、电磁学、近代物理实验等常开实验项目。

本书与《大学物理实验》（第 2 版）（刘国营主编，机械工业出版社）配套使用，可作为相关教学和从业人员的参考读物。

图书在版编目（CIP）数据

大学物理实验报告·学习指导/陈杰，刘国营主编. —北京：机械工业出版社，2019.10

普通高等教育"十三五"规划教材

ISBN 978-7-111-63647-2

Ⅰ.①大…　Ⅱ.①陈…②刘…　Ⅲ.①物理学 – 实验 – 高等学校 – 教学参考资料　Ⅳ.①O4 – 33

中国版本图书馆 CIP 数据核字（2019）第 192536 号

机械工业出版社（北京市百万庄大街 22 号　邮政编码 100037）
策划编辑：张金奎　责任编辑：张金奎　郑　玫
责任校对：樊钟英　封面设计：张　静
责任印制：邸　敏
涿州市京南印刷厂印刷
2019 年 11 月第 1 版第 1 次印刷
184mm×260mm·9.75 印张·237 千字
标准书号：ISBN 978-7-111-63647-2
定价：27.00 元

电话服务　　　　　　　　网络服务
客服电话：010-88361066　机 工 官 网：www.cmpbook.com
　　　　　010-88379833　机 工 官 博：weibo.com/cmp1952
　　　　　010-68326294　金 书 网：www.golden-book.com
封底无防伪标均为盗版　机工教育服务网：www.cmpedu.com

前　　言

　　撰写实验报告是实验教学中必不可少的一个重要环节。湖北汽车工业学院大学物理实验教学团队在多年的教学实践中发现，学生经常将实验预习简单地理解为抄书照搬，对完成报告的步骤和意义缺乏正确认识，对实验数据的正确记录、处理方法及测量结果的规范表示不能熟练掌握。针对这些问题，近年来团队经过不断地教学探索、改革和实践，取得了一些富有成效的教学成果，本书即是成果的重要体现之一。

　　全书共 32 个实验，内容包括力学、热学、光学、电磁学、近代物理等常开实验项目。使用本书既能有效减轻学生在完成实验报告上的工作量，又能明显提高实验教学质量。其特点主要体现在如下三个方面：

　　一、通过问题思考和回答代替实验原理及预习部分的盲目抄书照搬。

　　二、通过数据处理过程的合理引导代替机械套用公式和盲目计算。

　　三、实用性强。学生在做实验之前，需先完成该实验的预习报告，即书中【实验原理及预习问题】部分；在实验室进行操作时，需按照要求记录实验数据，即书中【实验数据记录】部分。记录的数据经审核通过后，需继续完成数据的处理，并回答问题，最后形成完整的实验报告。

　　参加本书编写的有理学院的陈杰、刘国营、胡永金、吴云沛、周晓红、毛书哲、吕东燕、陈伟、曾维友、李星星等教师，张西平、蔡青两位教师对书稿进行了梳理和校正，理学院领导对本书的出版给予了极大的支持和帮助，在此一并表示感谢。

　　由于编者水平有限，加之时间仓促，疏漏和不足之处难免，望读者批评指正。

编　者

2019 年 5 月

目　　录

01 固体密度的测量（基本测量）

班级：_____　学号：_____　姓名：_____

周次：第_____周；星期_____；时段：_____（填"上午、下午或晚上"）

设备号：_____　　　　　　　　　　　成绩：_____

【实验目的】

1. 掌握游标卡尺、螺旋测微器和物理天平原理并学会正确使用。
2. 掌握测量固体密度的方法。
3. 学习实验数据记录与处理、误差分析与计算的基础知识。

【实验仪器】

游标卡尺、螺旋测微器、物理天平（含砝码）、烧杯、细线、被测物体（铜柱、螺钉）等。

【实验原理及预习问题】

1. 分别简述规则物体（铜柱）密度和不规则物体（螺钉）密度的测量方法。

2. 如果游标卡尺或螺旋测微器存在零点误差，则测量结果该怎样修正？

【实验数据记录】

注意：原始数据记录不得用铅笔填写，不得大量涂改！

1. 测量形状规则物体的质量。

表1-1　测圆柱体（铜柱）的质量数据记录表

物 体 位 置	放左盘 $m_左$	放右盘 $m_右$
质量/g		

2. 测量形状规则物体的几何参数。

表1-2　测铜柱的直径和高度数据记录表

测 量 次 数	1	2	3	4	5	6	7	8
D/mm								
h/mm								

3. 用流体静力称衡法测量不规则物体的密度。

表1-3　测不规则物体密度数据记录表

物 体 位 置	空气中 m_2	没入水中 m_2'
质量/g		

4. 各仪器基本参量。

表1-4　各测量仪器基本参数表

仪　　器	1 物理天平	2 螺旋测微器	3 游标卡尺
零点误差			
精度			
误差限 Δ_i			

指导教师签字：＿＿＿＿＿＿＿＿　　日期：＿＿＿＿＿＿＿＿

【实验内容和数据处理】

1. 测量形状规则物体质量。

表 1-5　测量铜柱质量数据整理表

物 体 位 置	放左盘 $m_左$	放右盘 $m_右$
铜柱/g		

$$\begin{cases} \overline{m}_1 = \sqrt{m_左 m_右} = \\ E_{m_1} = \dfrac{\Delta_{m_1}}{\overline{m}_1} = \dfrac{1}{2}\sqrt{\left(\dfrac{\Delta_1}{m_左}\right)^2 + \left(\dfrac{\Delta_1}{m_右}\right)^2} = \\ \Delta_{m_1} = E_{m_1} \cdot \overline{m}_1 = \end{cases}$$

2. 铜柱直径和高度的数据处理。

表 1-6　测铜柱的直径和高度数据整理表

测 量 次 数	1	2	3	4	5	6	7	8
D/mm								
修正后 D_i/mm								
h/mm								
修正后 h_i/mm								

1）直径的数据处理：

$$\overline{D} = \frac{1}{n}\sum_{i=1}^{n} D_i = \qquad\qquad \Delta_D = \sqrt{S_D^2 + \Delta_2^2} =$$

$$S_D = \sqrt{\frac{\sum_{i=1}^{n}(D_i - \overline{D})^2}{n-1}} =$$

2）高度的数据处理：

$$\overline{h} = \frac{1}{n}\sum_{i=1}^{n} h_i = \qquad\qquad \Delta_h = \sqrt{S_h^2 + \Delta_3^2} =$$

$$S_h = \sqrt{\frac{\sum_{i=1}^{n}(h_i - \overline{h})^2}{n-1}} =$$

3. 圆柱体密度的计算及其不确定度计算。

$$
\begin{cases}
\bar{\rho}_1 = \dfrac{4\,\bar{m}_1}{\pi\,\bar{D}^2\,\bar{h}} = \\[3mm]
E_{\rho_1} = \dfrac{\Delta_{\rho_1}}{\bar{\rho}_1} = \sqrt{\left(\dfrac{\Delta_{m_1}}{\bar{m}_1}\right)^2 + \left(\dfrac{2\Delta_D}{\bar{D}}\right)^2 + \left(\dfrac{\Delta_h}{\bar{h}}\right)^2} = \\[3mm]
\Delta_{\rho_1} = \bar{\rho}_1 \cdot E_{\rho_1} =
\end{cases}
$$

实验结果表示为

$$
\begin{cases}
\rho_1 = \bar{\rho}_1 \pm \Delta_{\rho_1} = \\[3mm]
E_{\rho_1} = \dfrac{\Delta_{\rho_1}}{\bar{\rho}_1} \times 100\% =
\end{cases}
$$

4. 用流体静力称衡法测量不规则物体的密度。

$$
\begin{cases}
\bar{m}_2 = m_2 = \\[2mm]
\bar{m}_2' = m_2' = \\[2mm]
\bar{\rho}_2 = \dfrac{\bar{m}_2}{\bar{m}_2 - \bar{m}_2'}\rho_水 =
\end{cases}
$$

【问题讨论】

在精确测定物体密度时，如果考虑物体在空气中受到的浮力，则计算固体密度的公式应怎样修正？

02 示波器的原理和使用

班级：_____ 学号：_____ 姓名：_____

周次：第_____周；星期_____；时段：_____（填"上午、下午或晚上"）

设备号：_____ 成绩：_____

【实验目的】

1. 了解示波器的结构。
2. 掌握示波器的使用方法，特别是扫描和整步的使用。
3. 学习信号发生器的操作方法。
4. 通过观察李萨如图形测量交流信号的频率。

【实验仪器】

双通道示波器、低频信号（函数）发生器。

【实验原理及预习问题】

1. 简述示波器的主要组成部分及其功能。

2. 如何利用李萨如图形测频率？

【实验数据记录】

注意：原始数据记录不得用铅笔填写，不得大量涂改！

1. 测交流信号的频率、电压的有效值。

表 2-1　测交流信号的频率、电压有效值数据记录表

波　　形	TIME/DIV 粗调挡位 t	
	横向一个波形占有格数 n_1	
	VOLTS/DIV 粗调挡位 u	
	$U_{峰-谷}$占有格数 n_2	

2. 观察并记录李萨如图形。

表 2-2　李萨如图形数据记录表

$f_y : f_x$	1 : 1	1 : 2	1 : 3	2 : 3	3 : 2	2 : 1
李萨如图形						
f_y/Hz	50	50	50	100	150	100
f_x/Hz	50	100	150	150	100	50

指导教师签字：＿＿＿＿＿＿＿＿＿　　日期：＿＿＿＿＿＿＿＿＿

【实验内容和数据处理】

1. 测交流信号的频率、电压的有效值。

表 2-3　测交流信号的频率、电压有效值数据整理表

波　形	TIME/DIV 粗调挡位 t	
	横向一个波形占有格数 n_1	
	VOLTS/DIV 粗调挡位 u	
	$U_{峰-谷}$占有格数 n_2	

1）计算交流信号的频率：

待测信号的周期 $T = n_1 t =$

频率 $f = \dfrac{1}{T} =$

2）计算交流电压的有效值：

待测电压的峰谷值 $U_{峰-谷} = n_2 u =$

最大值 $U_m = \dfrac{n_2 u}{2} =$

电压有效值为 $U_0 = \dfrac{U_m}{\sqrt{2}} =$

2. 作表中各图的水平切线和垂直切线，并记录相应的切点数 n_x、n_y。

表 2-4　李萨如图形数据整理表

$f_y : f_x$	1：1	1：2	1：3	2：3	3：2	2：1
李萨如图形						
n_x						
n_y						
f_y/Hz	50	50	50	100	150	100
f_x/Hz	50	100	150	150	100	50

各李萨如图形是否满足 $f_y : f_x = n_x : n_y$？

【问题讨论】

1. 示波器完好，但显示屏上不出现图像，试分析其原因。应如何调整？

2. 调整扫描频率，对李萨如图形的稳定有无影响？

03   用分光计测三棱镜顶角和折射率

班级：_____   学号：_____   姓名：_____

周次：第_____周；星期_____；时段：_____（填"上午、下午或晚上"）

设备号：_____   成绩：_____

【实验目的】

1. 学习分光计的调整与使用方法。
2. 用分光计测三棱镜的顶角。
3. 观察色散现象，测定三棱镜的折射率。

【实验仪器】

分光计、三棱镜、低压汞灯、平行平面反射镜。

【实验原理及预习问题】

1. 简述分光计的调整步骤。

2. 简述反射法测三棱镜顶角的原理。画出实验光路图，并在图中标出主要元件。

3. 简述最小偏向角法测三棱镜折射率的原理。

【实验数据记录】

注意：原始数据记录不得用铅笔填写，不得大量涂改！

1. 反射法测三棱镜顶角 A。

表 3-1　测顶角数据记录表

角度 θ	次　数		
	1	2	3
θ_1			
θ_1'			
θ_2			
θ_2'			

2. 最小偏向角法测三棱镜折射率 n。

表 3-2　最小偏向角法测三棱镜折射率数据记录表

色　光	角度 α			
	α_1	α_1'	α_2	α_2'
绿光				
蓝光				

3. 分光计测角误差限。

$\Delta_1 = $ _____ ′ = _____ rad

指导教师签字：_____　　　日期：_____

【实验内容和数据处理】

1. 分光计的调整。
2. 反射法测三棱镜顶角 A。

表 3-3 测顶角数据整理表

角度 θ	次 数			平均值 $\bar{\theta}$
	1	2	3	
θ_1				
θ_1'				
θ_2				
θ_2'				

1）对 θ_1 的数据处理：

$$\bar{\theta_1} = \frac{1}{n}\sum_{i=1}^{n}\theta_{1i} = $$

$$S_{\theta_1} = \sqrt{\frac{\sum_{i=1}^{n}\left(\theta_{1i} - \bar{\theta_1}\right)^2}{n-1}} = $$

$$\Delta_{\theta_1} = \sqrt{S_{\theta_1}^2 + \Delta_1^2} = $$

2）对 θ_1' 的数据处理：

$$\bar{\theta_1'} = \frac{1}{n}\sum_{i=1}^{n}\theta_{1i}' = $$

$$S_{\theta_1'} = \sqrt{\frac{\sum_{i=1}^{n}\left(\theta_{1i}' - \bar{\theta_1'}\right)^2}{n-1}} = $$

$$\Delta_{\theta_1'} = \sqrt{S_{\theta_1'}^2 + \Delta_1^2} = $$

3）对 θ_2 的数据处理：

$$\bar{\theta_2} = \frac{1}{n}\sum_{i=1}^{n}\theta_{2i} = $$

$$S_{\theta_2} = \sqrt{\frac{\sum_{i=1}^{n}\left(\theta_{2i} - \bar{\theta_2}\right)^2}{n-1}} = $$

$$\Delta_{\theta_2} = \sqrt{S_{\theta_2}^2 + \Delta_1^2} =$$

4）对 θ_2' 的数据处理：

$$\bar{\theta}_2' = \frac{1}{n}\sum_{i=1}^{n}\theta_{2i}' =$$

$$S_{\theta_2'} = \sqrt{\frac{\sum\limits_{i=1}^{n}(\theta_{2i}' - \bar{\theta}_2')^2}{n-1}} =$$

$$\Delta_{\theta_2'} = \sqrt{S_{\theta_2'}^2 + \Delta_1^2} =$$

5）顶角的平均值 $\bar{A}$、不确定度 Δ_A 和相对不确定度 E_A：

$$\bar{A} = \frac{1}{4}(\,|\bar{\theta}_1 - \bar{\theta}_2| + |\bar{\theta}_1' - \bar{\theta}_2'|\,) =$$

$$\Delta_A = \frac{1}{4}\sqrt{\Delta_{\theta_1}^2 + \Delta_{\theta_1'}^2 + \Delta_{\theta_2}^2 + \Delta_{\theta_2'}^2} =$$

$$E_A = \frac{\Delta_A}{\bar{A}} \times 100\% =$$

3. 最小偏向角法测三棱镜折射率 n。

表 3-4　测最小偏向角数据整理表

色　　光	角度 α				角度差 $|\Delta\alpha|$	
	α_1	α_1'	α_2	α_2'	$|\alpha_1 - \alpha_2|$	$|\alpha_1' - \alpha_2'|$
绿光（g）						
蓝光（b）						

1）最小偏向角的平均值 $\bar{\delta}_{\min}$ 和不确定度 $\Delta_{\delta_{\min}}$：

绿光：$\begin{cases} \bar{\delta}_{g-\min} = \dfrac{1}{4}(\,|\alpha_1 - \alpha_2| + |\alpha_1' - \alpha_2'|\,) \\[2mm] \qquad\quad = \\[2mm] \Delta_{\delta_{g-\min}} = \dfrac{1}{4}\sqrt{\Delta_{\alpha_1}^2 + \Delta_{\alpha_1'}^2 + \Delta_{\alpha_2}^2 + \Delta_{\alpha_2'}^2} \\[2mm] \qquad\quad = \dfrac{1}{4}\sqrt{4\Delta_1^2} = \dfrac{\Delta_1}{2} \\[2mm] \qquad\quad = \end{cases}$

$$\text{蓝光：}\begin{cases} \overline{\delta}_{b-\min}=\dfrac{1}{4}\left(\,\vert\alpha_1-\alpha_2\vert+\vert\alpha_1'-\alpha_2'\vert\,\right) \\ \qquad = \\ \Delta_{\delta_{b-\min}}=\dfrac{1}{4}\sqrt{\Delta_{\alpha_1}^2+\Delta_{\alpha_1'}^2+\Delta_{\alpha_2}^2+\Delta_{\alpha_2'}^2} \\ \qquad =\dfrac{1}{4}\sqrt{4\Delta_1^2}=\dfrac{\Delta_1}{2} \\ \qquad = \end{cases}$$

2）在顶角给定（$A=60°$）情况下，计算三棱镜对**蓝光**的折射率 n_b：

$$\begin{cases} \overline{n}_b=\dfrac{\sin\dfrac{\overline{\delta}_{b-\min}+A}{2}}{\sin\dfrac{A}{2}}= \\[4ex] \Delta_{n_b}=\dfrac{\left\vert\cos\dfrac{\overline{\delta}_{b-\min}+A}{2}\right\vert}{2\sin\dfrac{A}{2}}\cdot\Delta_{b-\min}= \end{cases}$$

三棱镜对**蓝光**的折射率可表示为：

$$\begin{cases} n_b=\overline{n}_b\pm\Delta_{n_b}= \\[2ex] E_{n_b}=\dfrac{\Delta_{n_b}}{\overline{n}_b}\times100\%= \end{cases}$$

【问题讨论】

1. 在分光计的调整过程中，怎样调节才能迅速使两次反射像都和分划板上方十字叉丝重合？

2. 怎样准确找到最小偏向角的位置？

04　拉伸法测金属丝弹性模量

班级：_____　　学号：_____　　姓名：_____

周次：第_____周；星期_____；时段：_____（填"上午、下午或晚上"）

设备号：_____　　　　　　　　　　　　成绩：_____

【实验目的】

1. 学习用静态拉伸法测量弹性模量的方法。
2. 掌握用光杠杆法测量微小长度变化的原理和方法。
3. 学习用逐差法处理数据。

【实验仪器】

弹性模量测定仪、砝码、光杠杆、望远镜尺组、螺旋测微器、米尺、台灯。

【实验原理及预习问题】

1. 简述光杠杆镜尺法测量长度微小变化的原理，画出实验原理图。

2. 光杠杆及望远镜尺组的调节程序是什么？在调节中要特别注意哪些问题？

【实验数据记录】

注意：原始数据记录不得用铅笔填写，不得大量涂改！

1. 分别测量金属丝的长度 L、光杠杆镜面到标尺的距离 D、光杠杆后足到两前足连线之间的垂直距离 b。

表 4-1　基本量测量数据记录表

基本量	L/cm	D/cm	b/cm
数值			

2. 测量金属丝的直径 d。

表 4-2　金属丝的直径 d 数据记录表　　　$\Delta_1 =$ _____

次　数	1	2	3	4	5	6
d_i/mm						

3. 测量钢丝的 l 值

表 4-3　钢丝的 l 值数据记录表　　　$\Delta_2 =$ _____

次　数	m_i/kg	增荷时 x_i'/cm	减荷时 x_i''/cm
1	1.000		
2	2.000		
3	3.000		
4	4.000		
5	5.000		
6	6.000		

指导教师签字：_____　日期：_____

【实验内容和数据处理】

1. 分别测量金属丝的长度 L、光杠杆镜面到标尺的距离 D、光杠杆后足到两前足连线之间的垂直距离 b。

表 4-4 基本量数据整理表

基 本 量	L/cm	D/cm	b/cm
结果表示（$\bar{x} \pm \Delta_x$）			

2. 测量金属丝的直径 d。

表 4-5 金属丝的直径 d 数据整理表

次 数	1	2	3	4	5	6
d_i/mm						

对 d 的数据处理：

$$\bar{d} = \frac{1}{n} \sum_{i=1}^{n} d_i = \qquad\qquad \Delta_d = \sqrt{S_d^2 + \Delta_1^2} =$$

$$S_d = \sqrt{\frac{\sum_i^n (d_i - \bar{d})^2}{n - 1}} =$$

3. 测量钢丝的 l 值。

表 4-6 钢丝的 l 值数据整理表

次 数	m_i/kg	增荷时 x_i'/cm	减荷时 x_i''/cm	$x_i = \frac{1}{2}(x_i' + x_i'')/cm$	$l_i = (x_{i+3} - x_i)/cm$
1	1.000				
2	2.000				
3	3.000				
4	4.000				
5	5.000				
6	6.000				

1）对 x_i 的数据处理：

$$S_{x_i} = \sqrt{\frac{(x_i' - x_i)^2 + (x_i'' - x_i)^2}{2 - 1}} = \qquad\qquad \Delta_{x_i} = \sqrt{S_{x_i}^2 + \Delta_2^2} =$$

按以上计算方法分别计算出:

$\Delta_{x_1} =$; $\Delta_{x_2} =$; $\Delta_{x_3} =$;

$\Delta_{x_4} =$; $\Delta_{x_5} =$; $\Delta_{x_6} =$ 。

2)对钢丝的 l 值的数据处理:

$$\bar{l} = \frac{1}{3}\sum_{i=1}^{3}(x_{i+3} - x_i) = \frac{1}{3}\left[(x_6 + x_5 + x_4) - (x_3 + x_2 + x_1)\right] =$$

$$\Delta_l = \frac{1}{3}\sqrt{\Delta_{x_1}^2 + \Delta_{x_2}^2 + \Delta_{x_3}^2 + \Delta_{x_4}^2 + \Delta_{x_5}^2 + \Delta_{x_6}^2} =$$

4. 弹性模量 E 的计算:$m_0 = 1\text{kg}$

$$\bar{E} = \frac{8g}{\pi} \cdot \frac{\bar{L}\,\bar{D}}{d^2 b} \cdot \frac{3m_0}{\bar{l}} =$$

计算弹性模量 E 的相对不确定度:

$$E_E = \frac{\Delta_E}{\bar{E}} = \sqrt{\left(\frac{\Delta_L}{\bar{L}}\right)^2 + \left(\frac{\Delta_D}{\bar{D}}\right)^2 + \left(\frac{2\Delta_d}{\bar{d}}\right)^2 + \left(\frac{\Delta_b}{\bar{b}}\right)^2 + \left(\frac{\Delta_l}{\bar{l}}\right)^2} =$$

弹性模量 E 的总不确定度:

$$\Delta_E = \bar{E} \cdot E_E =$$

实验结果:

$$\begin{cases} E = \bar{E} \pm \Delta_E = \\ E_E = \dfrac{\Delta_E}{\bar{E}} \times 100\% = \end{cases}$$

钢丝的弹性模量标准值 $E_0 = 2.00 \times 10^{11}\text{N} \cdot \text{m}^{-2}$,计算弹性模量 E 的实验值对标准值的百分差:

$$E = \frac{|\bar{E} - E_0|}{E_0} \times 100\% =$$

【问题讨论】

从弹性模量 E 的相对不确定度计算公式分析,哪个量的测量对 E 的结果的准确度影响最大?测量中应该注意哪些问题?

05　刚体转动惯量的测量与特性研究

班级：_____　　学号：_____　　姓名：_____

周次：第_____周；星期_____；时段：_____（填"上午、下午或晚上"）

设备号：_____　　　　　　　　　　　成绩：_____

【实验目的】

1. 掌握用恒力矩转动法测定刚体转动惯量的原理和方法。

2. 研究刚体的转动惯量随其质量、质量分布及转轴不同而改变的情况，验证平行轴定理。

3. 学会使用智能计时计数器测量时间。

【实验仪器】

ZKY-ZS 转动惯量实验仪、智能计时计数器、圆环、圆柱、砝码托与砝码组合、水准器。

【实验原理及预习问题】

1. 什么是转动惯量？简要叙述恒力矩转动法测定转动惯量的原理。

2. 简述角加速度的测量原理。

【实验数据记录】

注意：原始数据记录不得用铅笔填写，不得大量涂改！

1. 测量实验台的角加速度 β_1、β_2。

表 5-1　测量实验台的角加速度数据记录表

$R_{塔轮} = 25.00\text{mm}$；$m_{砝码} = 53.4\text{g}$

匀 减 速							
k	1	2	3	4	5	6	7	8
t/s								

匀 加 速							
k	1	2	3	4	5	6	7	8
t/s								

2. 测量实验台加圆环试样后的角加速度 β_3、β_4。

表 5-2　测量实验台加圆环试样后的角加速度数据记录表

$R_{外} = 120.00\text{mm}$；$R_{内} = 105.00\text{mm}$；$R_{塔轮} = 25.00\text{mm}$；$m_{圆环} = 462.8\text{g}$；$m_{砝码} = 53.4\text{g}$

匀 减 速							
k	1	2	3	4	5	6	7	8
t/s								

匀 加 速							
k	1	2	3	4	5	6	7	8
t/s								

3. 测量两圆柱试样中心与转轴距离 $d = 90.0\text{mm}$ 时的角加速度 β_3'、β_4'。

表 5-3　测量实验台加圆柱试样的角加速度数据记录表

$d = 90.0\text{mm}$ 时的角加速度　$R_{圆柱} = 15.00\text{mm}$；$R_{塔轮} = 25.00\text{mm}$；$m_{圆柱} = 166.0\text{g}$；$m_{砝码} = 53.4\text{g}$

匀 减 速							
k	1	2	3	4	5	6	7	8
t/s								

匀 加 速							
k	1	2	3	4	5	6	7	8
t/s								

指导教师签字：_____　　日期：_____

【实验内容和数据处理】

1. 测量并计算实验台的转动惯量 J_1。

表 5-4　测量实验台的角加速度数据整理表

$R_{塔轮} = 25.00\text{mm}$；$m_{砝码} = 53.4\text{g}$

匀 减 速								
k	1	2	3	4	5	6	7	8
t/s								
β_{1i}/s^{-2}								
匀 加 速								
k	1	2	3	4	5	6	7	8
t/s								
β_{2i}/s^{-2}								

由公式 $\beta = \dfrac{2\pi(k_n t_m - k_m t_n)}{t_n^2 t_m - t_m^2 t_n}$ 分别求得 β_{1i}、β_{2i}：

$$\overline{\beta_1} = \frac{1}{4}\sum_{i=1}^{4}\beta_{1i} = \qquad\qquad\qquad \overline{\beta_2} = \frac{1}{4}\sum_{i=1}^{4}\beta_{2i} =$$

$$\overline{J_1} = \frac{mR(g - R\overline{\beta_2})}{\overline{\beta_2} - \overline{\beta_1}} =$$

2. 测量并计算实验台放上试样后的转动惯量 J_2，计算试样的转动惯量 J_3，并与理论值比较求出百分差。

表 5-5　测量实验台加圆环试样后的角加速度数据整理表

$R_{外} = 120.00\text{mm}$；$R_{内} = 105.00\text{mm}$；$R_{塔轮} = 25.00\text{mm}$；$m_{圆环} = 462.8\text{g}$；$m_{砝码} = 53.4\text{g}$

匀 减 速								
k	1	2	3	4	5	6	7	8
t/s								
β_{3i}/s^{-2}								
匀 加 速								
k	1	2	3	4	5	6	7	8
t/s								
β_{4i}/s^{-2}								

则：$\overline{\beta_3} = \dfrac{1}{4}\sum_{i=1}^{4}\beta_{3i} = \qquad\qquad\qquad \overline{\beta_4} = \dfrac{1}{4}\sum_{i=1}^{4}\beta_{4i} =$

$$\overline{J}_2 = \frac{mR(g - R\overline{\beta}_4)}{\overline{\beta}_4 - \overline{\beta}_3} =$$

由转动惯量的叠加原理可知，被测试件的转动惯量 J_3 为：$\overline{J}_3 = \overline{J}_2 - \overline{J}_1 =$

圆环绕几何中心轴的转动惯量理论值 $J = m(R_{外}^2 + R_{内}^2)/2 =$

百分差：$E = \dfrac{|\overline{J}_3 - J|}{J} \times 100\% =$

3. 测量两圆柱试样中心与转轴距离 $d = 90.0\text{mm}$ 时的角加速度 β_3'、β_4'。

表 5-6　测量实验台加圆柱试样的角加速度数据整理表

$d = 90.0\text{mm}$ 时的角加速度　$R_{圆柱} = 15.00\text{mm}$；$R_{塔轮} = 25.00\text{mm}$；$m_{圆柱} = 166.0\text{g}$；$m_{砝码} = 53.4\text{g}$

匀　减　速							
k	1	2	3	4	5	6	7	8
t/s								
β_{3i}/s^{-2}								

匀　加　速							
k	1	2	3	4	5	6	7	8
t/s								
β_{4i}/s^{-2}								

则：$\overline{\beta}'_3 = \dfrac{1}{4}\sum_{i=1}^{4}\beta'_{3i} =$　　　　　　　$\overline{\beta}'_4 = \dfrac{1}{4}\sum_{i=1}^{4}\beta'_{4i} =$

$$\overline{J}'_2 = \frac{mR(g - R\overline{\beta}'_4)}{\overline{\beta}'_4 - \overline{\beta}'_3} =$$

由转动惯量的叠加原理可知，被测试件的转动惯量 J'_3 为：$\overline{J}'_3 = \overline{J}'_2 - \overline{J}_1 =$

圆柱绕新转轴的转动惯量理论值 $J' = mR^2/2 + md^2 =$

百分差：$E = \dfrac{|\overline{J}'_3 - J'|}{J'} \times 100\% =$

【问题讨论】

实验中如何保证 $g \gg a$？

06　磁悬浮导轨上的力学实验

班级：＿＿＿＿＿＿＿＿＿＿　学号：＿＿＿＿＿＿＿＿＿＿　姓名：＿＿＿＿＿＿＿＿＿

周次：第＿＿＿＿周；星期＿＿＿＿＿；时段：＿＿＿＿＿＿（填"上午、下午或晚上"）

设备号：＿＿＿＿＿＿＿＿＿＿　　　　　　　　　　　成绩：＿＿＿＿＿＿＿＿＿

【实验目的】

1. 学习导轨的水平调整，熟悉磁悬导轨和智能测试仪的调整和使用。
2. 学习矢量分解。
3. 学习作图法处理实验数据，掌握匀变速直线运动规律。
4. 测量重力加速度 g，并学习消减系统误差的方法。
5. 探索牛顿第二定律，加深理解物体运动时所受外力与加速度的关系。
6. 探索动摩擦力与速度的关系。

【实验仪器】

DHSY-1 型磁悬浮导轨、实验智能测试仪、光电门、磁悬浮滑块、水准仪、卷尺、配重片若干。

【实验原理及预习问题】

1. 简述本实验中测重力加速度的原理。

2. 瞬时速度一般较难测量，本实验中瞬时速度的测量原理是什么？

【实验数据记录】

注意：原始数据记录不得用铅笔填写，不得大量涂改！

1. 匀变速运动规律的研究。

表 6-1 匀变速运动规律数据记录表 $P_0 = $ _____ ; $\theta = $ _____

i	P_i	$v_{0i}/\text{cm} \cdot \text{s}^{-1}$	t_i/ms	$v_i/\text{cm} \cdot \text{s}^{-1}$
1				
2				
3				
4				
5				
6				

2. 重力加速度 g 的测量。

表 6-2 测量重力加速度 g 数据记录表

倾斜角	$\theta_1 = $ _____					$\theta_2 = $ _____				
次数 i	1	2	3	4	5	1	2	3	4	5
$a_{ji}/\text{cm} \cdot \text{s}^{-2}$										

3. 系统质量保持不变，改变系统所受外力，考察加速度 a 和外力 F 的关系。

表 6-3 加速度 a 和外力 F 的关系数据记录表 $m_{标} = $ _____

次数 i	1	2	3	4	5
θ_i					
$a_i/\text{cm} \cdot \text{s}^{-2}$					

计量加速度仪器误差限 $\Delta_仪 = $ _____

指导教师签字：_____   日期：_____

【实验内容和数据处理】

1. 检查磁悬浮导轨的水平度。
2. 匀变速直线运动的研究。

表 6-4 匀变速运动的规律研究数据整理表　　　　$P_0 = $ _____；$\theta = $ _____

i	P_i	$s_i = P_i - P_0$	$v_{0i}/\mathrm{cm \cdot s^{-1}}$	t_i/ms	$v_i/\mathrm{cm \cdot s^{-1}}$	s_i/t_i
1						
2						
3						
4						
5						
6						

$$\bar{v}_0 = \frac{1}{n}\sum_{i=1}^{n} v_{0i} = \underline{\hspace{2cm}} \ \mathrm{cm \cdot s^{-1}}$$

1）按要求完成表 6-4，并绘制出 $v\text{-}t$、$s/t\text{-}t$ 关系图线，若两关系图线均为直线，则表明滑块做匀变速直线运动；

2）由 $v\text{-}t$ 直线斜率与截距求出 a 与 v_0：

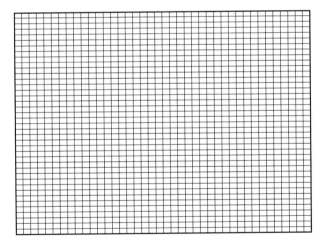

$v\text{-}t$ 直线斜率 $k = $ 　　　　　　　　　；加速度 $a = $

　　　截距 $b = $ 　　　　　　　　　　；$v_0 = $

3）将 v_0 与上列数据表中 $\bar{v}_0$ 比较，并加以分析和讨论：

3. 重力加速度 g 的测量。

表 6-5　测量重力加速度 g 数据整理表

倾 斜 角	$\theta_1 = \underline{\hspace{1cm}}$;　$\sin\theta_1 = \underline{\hspace{1cm}}$					$\theta_2 = \underline{\hspace{1cm}}$;　$\sin\theta_2 = \underline{\hspace{1cm}}$				
次数 i	1	2	3	4	5	1	2	3	4	5
$a_{ji}/\mathrm{cm \cdot s^{-2}}$										

1）分别计算两种倾角对应的加速度的平均值 $\overline{a}_1$、$\overline{a}_2$ 和不确定度 Δ_{a_1}、Δ_{a_2}：

$$\begin{cases} \overline{a}_1 = \dfrac{1}{n}\sum_{i=1}^{n} a_{1i} = \\[3mm] \Delta_{a_1} = \sqrt{S_{a_1}^2 + \Delta_{仪}^2} = \end{cases} \qquad S_{a_1} = \sqrt{\dfrac{\sum\limits_{i=1}^{n}(a_{1i}-\overline{a}_1)^2}{n-1}} =$$

$$\begin{cases} \overline{a}_2 = \dfrac{1}{n}\sum_{i=1}^{n} a_{2i} = \\[3mm] \Delta_{a_2} = \sqrt{S_{a_2}^2 + \Delta_{仪}^2} = \end{cases} \qquad S_{a_2} = \sqrt{\dfrac{\sum\limits_{i=1}^{n}(a_{2i}-\overline{a}_2)^2}{n-1}} =$$

2）根据公式 $g = \dfrac{a_2 - a_1}{\sin\theta_2 - \sin\theta_1}$，计算重力加速度 $\overline{g}$ 和不确定度 Δ_g：

$$\begin{cases} \overline{g} = \dfrac{\overline{a}_2 - \overline{a}_1}{\sin\theta_2 - \sin\theta_1} = \\[4mm] \Delta_g = \dfrac{\sqrt{\Delta_{a_1}^2 + \Delta_{a_2}^2}}{\sin\theta_2 - \sin\theta_1} = \end{cases}$$

3）结果表示：

$$\begin{cases} g = \overline{g} \pm \Delta_g = \\[3mm] E_g = \dfrac{\Delta_g}{\overline{g}} \times 100\% = \end{cases}$$

4）g 与本地区公认值 $g_{标}$ 相比较，求出百分差：

$$E = \dfrac{|\overline{g} - g_{标}|}{g_{标}} \times 100\% =$$

4. 系统质量保持不变，改变系统所受外力，考察加速度 a 和外力 F 的关系。

表 6-6　加速度 a 和外力 F 的关系数据整理表　　$m_{标} = \underline{\hspace{1cm}}$

i	θ_i	$\sin\theta_i$	$a_i/\mathrm{cm \cdot s^{-2}}$	$F_i = m_{标}g\sin\theta_i/\mathrm{N}$
1				
2				
3				
4				
5				

1）绘制 a-F 点图，并进行直线拟合；

2）求出拟合直线斜率 k，则 $m = 1/k =$

3）与 $m_{标}$ 相比较，百分差为：$E = \dfrac{\left| m - m_{标} \right|}{m_{标}} \times 100\% =$

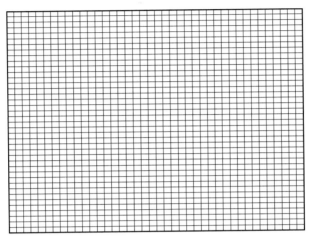

【问题讨论】

1. 分析实验中测量误差的来源。

2. 如何判断磁悬浮导轨的角度？

07 液体表面张力系数的测定

班级：_____ 学号：_____ 姓名：_____

周次：第_____周；星期_____；时段：_____（填"上午、下午或晚上"）

设备号：_____ 成绩：_____

【实验目的】

1. 了解液体表面的性质，用拉脱法测液体的表面张力系数。
2. 掌握用焦利秤测量微小力的原理和方法。

【实验仪器】

焦利秤、配件（金属丝框、塔形弹簧、镊子、指示钩、小秤盘）、砝码、游标卡尺、烧杯。

【实验原理及预习问题】

1. 简述拉脱法测液体表面张力系数的原理，画出实验原理图。

2. 实验中"三线对齐"是哪三条线？具有什么作用？

【实验数据记录】

注意：原始数据记录不得用铅笔填写，不得大量涂改！

1. 测定弹簧的劲度系数 k。

表 7-1　弹簧劲度系数 k 的测量数据记录表　　$\Delta_{仪1} =$ ＿＿＿＿＿

砝码质量 m_i/g	0	0.5	1.0	1.5	2.0	2.5	3.0	3.5
标尺读数 l_i/cm								

2. 测定蒸馏水的表面张力系数 α。

表 7-2　测量 "Ⅱ" 形丝水平部分的长度 b 数据记录表　　$\Delta_{仪2} =$ ＿＿＿＿＿

测量次数	1	2	3	4	5
b_i/cm					

表 7-3　表面张力作用下弹簧的形变量数据记录表　　$\Delta_{仪1} =$ ＿＿＿＿＿

测量次数	1	2	3	4	5
s_{0i}/cm					
s_i/cm					

指导教师签字：＿＿＿＿＿＿＿＿＿　　　日期：＿＿＿＿＿＿＿＿＿

【实验内容和数据处理】

1. 测定弹簧的劲度系数 k。

在弹簧下端的砝码盘中依次增加砝码，质量从 0g 至 3.5g，记下对应的标尺读数，填入表中。

表 7-4 弹簧劲度系数 k 的测量数据整理表

砝码质量 m_i/g	0	0.5	1.0	1.5	2.0	2.5	3.0	3.5
标尺读数 l_i/cm								

利用逐差法计算砝码每改变 2.0g 弹簧的平均伸长量 $\overline{\delta l}$，并求出 k。

$$\overline{\delta l} = \frac{1}{4} \sum_{i=0}^{3} (l_{i+4} - l_i) = \qquad\qquad \Delta_{\delta l} = \frac{1}{4}\sqrt{8\Delta_{仪1}^2} \approx 0.707\Delta_{仪1} =$$

$$\bar{k} = \frac{2.00 \times 10^{-3} \times 9.7954}{\overline{\delta l}} = \qquad\qquad \Delta_k = \bar{k} \cdot \frac{\Delta_{\delta l}}{\overline{\delta l}} =$$

2. 测定蒸馏水的表面张力系数 α。

1）用游标卡尺测量"Π"形丝水平部分的长度 b。

表 7-5 "Π"形丝水平部分的长度 b 数据整理表

测量次数	1	2	3	4	5
b_i/cm					

"Π"形丝水平部分的平均长度的数据处理：

$$\bar{b} = \frac{1}{n} \sum_{i=1}^{n} b_i = \qquad\qquad S_b = \sqrt{\frac{\sum_i (b_i - \bar{b})^2}{n-1}} =$$

$$\Delta_b = \sqrt{S_b^2 + \Delta_{仪2}^2} =$$

2）测量在水的表面张力作用下弹簧的伸长量。

表 7-6 表面张力作用下弹簧的形变量数据整理表

测量次数	1	2	3	4	5
s_{0i}/cm					
s_i/cm					

计算在表面张力作用下弹簧的平均伸长量 $\overline{\delta s}$。

$$
\begin{cases}
\bar{s}_0 = \dfrac{1}{n}\sum_{i=1}^{n} s_{0i} = \\[3mm]
\bar{s} = \dfrac{1}{n}\sum_{i=1}^{n} s_i = \\[3mm]
\Delta_{s_0} = \sqrt{S_{s_0}^2 + \Delta_{仪1}^2} =
\end{cases}
\qquad
\begin{aligned}
& S_{s_0} = \sqrt{\dfrac{\sum_i (s_{0i} - \bar{s}_0)^2}{n-1}} = \\[3mm]
& S_{s} = \sqrt{\dfrac{\sum_i (s_i - \bar{s})^2}{n-1}} = \\[3mm]
& \Delta_{s} = \sqrt{S_s^2 + \Delta_{仪1}^2} =
\end{aligned}
$$

3）计算水的表面张力系数 $\bar{\alpha}$，并根据实验教材[一]附录 B 表 B-7 中的数据计算百分差 E。

$$
\begin{cases}
\bar{\alpha} = \dfrac{\bar{k} \times (\bar{s} - \bar{s}_0)}{2\bar{b}} = \\[4mm]
E_\alpha = \dfrac{\Delta_\alpha}{\bar{\alpha}} = \sqrt{\left(\dfrac{\Delta_k}{\bar{k}}\right)^2 + \dfrac{\Delta_s^2 + \Delta_{s_0}^2}{(\bar{s} - \bar{s}_0)^2} + \left(\dfrac{\Delta_b}{\bar{b}}\right)^2} = \\[4mm]
\Delta_\alpha = E_\alpha \cdot \bar{\alpha} =
\end{cases}
$$

百分差：$E = \dfrac{|\bar{\alpha} - \alpha_0|}{\alpha_0} \times 100\% = $

【问题讨论】

1. 实验中如何确保"三线"始终对齐？

2. 分析测量 α 实验中误差产生的主要原因。

一 刘国营. 大学物理实验［M］. 2 版. 北京：机械工业出版社，2014.

08　电桥法测电阻实验

班级：_____　学号：_____　姓名：_____

周次：第_____周；星期_____；时段：_____（填"上午、下午或晚上"）

设备号：_____　　　　　　　　　　成绩：_____

【实验目的】

1. 掌握用惠斯登电桥测电阻的原理和方法。
2. 学习用交换法减小和消除系统误差。
3. 掌握电桥不确定度的估算方法。

【实验仪器】

实验用9孔插件方板（297mm×300mm）、直流稳压电源（0～30V连续可调）、检流计、万用表、电阻箱、电阻（200Ω、1kΩ）、滑线变阻器、开关、短接桥和连接导线、QJ23型惠斯登电桥等。

【实验原理及预习问题】

1. 简述惠斯登电桥的线路原理，画出实验原理图。

2. 电桥由哪几部分组成，电桥平衡的条件是什么？

【实验数据记录】

注意：原始数据记录不得用铅笔填写，不得大量涂改！

1. 用自搭电桥测电阻。

表 8-1　自搭电桥测电阻数据记录表

标　称　值	电阻箱 R_0'	交换后 R_0''
$R_x = 200\Omega$		
$R_x = 1k\Omega$		

2. 用箱式电桥测电阻。

表 8-2　箱式惠斯登电桥测电阻数据记录表

标　称　值	比率系数 K_r	比较臂读数 R_0
$R_x = 200\Omega$		
$R_x = 1k\Omega$		

3. 电桥的灵敏阈 Δ_S 的测量。

定义：检流计灵敏阈（0.2 分格）所对应的被测电阻的变化量 Δ_S。

测量方法：平衡后，将测量盘电阻 R_0 调偏到 $R_0 + \Delta R_0$，使检流计偏转 Δd 分格（如 2 或 1 分格），则按比例关系再求出 0.2 分格所对应的 Δ_S。

表 8-3　电桥的灵敏阈 Δ_S 的测量数据记录表

标　称　值	比率系数 K_r	比较臂读数 R_0	ΔR_0	Δd
$R_x = 200\Omega$				
$R_x = 1k\Omega$				

指导教师签字：_____　　　日期：_____

【实验内容和数据处理】

1. 用自搭电桥测电阻。

（注：用交换法测量 R_x 的电阻值。测量时须先用万用表估计被测电阻的大小。）

表 8-4　自搭电桥测电阻数据整理表

标　称　值	电阻箱 R_0'	交换后 R_0''	$R_{x测} = \sqrt{R_0' R_0''}$
$R_x = 200\Omega$			
$R_x = 1\text{k}\Omega$			

1）标称值 $R_x = 200\Omega$ 的数据处理：

$$\overline{R_{x测}} = \sqrt{R_0' R_0''} =$$

电阻箱的不确定度 $\Delta_{R_0'}$ 和 $\Delta_{R_0''}$，由式 $\Delta_{R_0} = \alpha_1\% \cdot R_0 + b + Nr_0$ 计算得到。式中，R_0 为电阻箱的读数；α_1 为**电阻箱准确度等级**；b 为系数；r_0 为电阻箱每盘的平均零值电阻。当 $\alpha_1 \leqslant 0.05$ 时，$b = 0.002\Omega$，$r_0 = 0.002\Omega$；当 $\alpha_1 \geqslant 0.1$ 时，$b = 0.005\Omega$，$r_0 = 0.005\Omega$。N 为电阻箱接入的盘数。例如，用"0"和"9.9"两接线柱时 N 值取 2。

$$\Delta_{R_0'} = \alpha_1\% \cdot R_0' + b + Nr_0 =$$

$$\Delta_{R_0''} = \alpha_2\% \cdot R_0'' + b + Nr_0 =$$

$R_{x测}$ 的相对不确定度 $E_{R_{x测}}$、总不确定度 $\Delta_{R_{x测}}$：

$$\begin{cases} E_{R_{x测}} = \dfrac{\Delta_{R_{x测}}}{\overline{R_{x测}}} = \sqrt{\left(\dfrac{\Delta_{R_0'}}{2R_0'}\right)^2 + \left(\dfrac{\Delta_{R_0''}}{2R_0''}\right)^2} = \\ \Delta_{R_{x测}} = \overline{R_{x测}} \cdot E_{R_{x测}} = \end{cases}$$

结果表示：

$$\begin{cases} R_{x测} = \overline{R_{x测}} \pm \Delta_{R_{x测}} = \\ E_{R_{x测}} = \dfrac{\Delta_{R_{x测}}}{\overline{R_{x测}}} \times 100\% = \end{cases}$$

2）标称值 $R_x = 1\text{k}\Omega$ 的数据处理：参照 1）方法处理。

$$\overline{R_{x测}} = \sqrt{R_0' R_0''} =$$

$$\Delta_{R_0'} = \alpha_1\% \cdot R_0' + b + Nr_0 =$$

$$\Delta_{R_0''} = \alpha_1\% \cdot R_0'' + b + Nr_0 =$$

$R_{x测}$ 的相对不确定度 $E_{R_{x测}}$、总不确定度 $\Delta_{R_{x测}}$：

$$\begin{cases} E_{R_{x测}} = \dfrac{\Delta_{R_{x测}}}{\overline{R_{x测}}} = \sqrt{\left(\dfrac{\Delta_{R_0'}}{2R_0'}\right)^2 + \left(\dfrac{\Delta_{R_0''}}{2R_0''}\right)^2} = \\ \Delta_{R_{x测}} = \overline{R_{x测}} \cdot E_{R_{x测}} = \end{cases}$$

结果表示：

$$\begin{cases} R_{x测} = \overline{R}_{x测} \pm \Delta_{R_{x测}} = \\ E_{R_{x测}} = \dfrac{\Delta_{R_{x测}}}{\overline{R}_{x测}} \times 100\% = \end{cases}$$

2. 用箱式电桥测电阻。

表 8-5　箱式惠斯登电桥测电阻数据整理表

标　称　值	比率系数 K_r	比较臂读数 R_0	待测电阻 $R_x = K_r R_0$
$R_x = 200\Omega$			
$R_x = 1\mathrm{k}\Omega$			

1）标称值 $R_x = 200\Omega$ 的数据处理：

$\overline{R}_{x测} = K_r R_0 =$

QJ23 型单臂电桥在一定参考条件下（20℃附近、电源电压偏离额定值不大于10%、绝缘电阻符合一定要求、相对湿度 40% ~ 60% 等），电桥的基本误差限 $E_{\lim}$ 可表示为

$$E_{\lim} = \pm (\alpha_2\%)\left(K_r R_0 + \frac{K_r R_N}{10}\right) =$$

式中，K_r 是倍率；R_0 是测量盘（比较臂）示值；R_N 为基准值，暂取为 5000Ω；α_2 为**电桥等级指数**。等级指数 α_2 还与一定的测量范围、电源电压和检流计的条件相联系。以 QJ23 型箱式电桥为例，当测量范围在 10 ~ 9999Ω 时，$\alpha_2 = 0.2$（电源电压 $E = 4.5\mathrm{V}$）；10Ω 以下，$\alpha_2 = 2$（$E = 4.5\mathrm{V}$）；在 10 ~ 999.9kΩ 时，$\alpha_2 = 0.5$（$E = 6\mathrm{V}$）；1MΩ 以上，$\alpha_2 = 2$（$E = 15\mathrm{V}$ 以上）。

电桥的灵敏阈 Δ_S 的计算：

$$\Delta_S = 0.2 K_r \cdot \frac{\Delta R_0}{\Delta d} =$$

$R_{x测}$ 的总不确定度 $\Delta_{R_{x测}}$：

$$\Delta_{R_{x测}} = \sqrt{E_{\lim}^2 + \Delta_S^2} =$$

结果表示：

$$\begin{cases} R_{x测} = \overline{R}_{x测} \pm \Delta_{R_{x测}} = \\ E_{R_{x测}} = \dfrac{\Delta_{R_{x测}}}{\overline{R}_{x测}} \times 100\% = \end{cases}$$

2）标称值 $R_x = 1\mathrm{k}\Omega$ 的数据处理：参照 1）的处理方法处理。

$\overline{R}_{x测} = K_r R_0 =$

电桥的基本误差限 $E_{\lim}$ 可表示为

$$E_{\lim} = \pm (\alpha_2\%)\left(K_r R_0 + \frac{K_r R_N}{10}\right) =$$

电桥的灵敏阈 Δ_S 的计算：

$$\Delta_S = 0.2K_r \cdot \frac{\Delta R_0}{\Delta d} =$$

$R_{x测}$ 的总不确定度 $\Delta_{R_{x测}}$:

$$\Delta_{R_{x测}} = \sqrt{E_{\lim}^2 + \Delta_S^2} =$$

结果表示：

$$\begin{cases} R_{x测} = \overline{R}_{x测} \pm \Delta_{R_{x测}} = \\ E_{R_{x测}} = \dfrac{\Delta_{R_{x测}}}{\overline{R}_{x测}} \times 100\% = \end{cases}$$

【问题讨论】

1. 当电桥达到平衡后，把电源和检流计对换位置，电桥是否仍平衡？试证明之。

2. 用电桥测电阻时，选择倍率 K_r 的原则是什么？

09　圆线圈和亥姆霍兹线圈轴线上磁场的测量

班级：_____　　学号：_____　　姓名：_____

周次：第_____周；星期_____；时段：_____（填"上午、下午或晚上"）

设备号：_____　　　　　　　　　　　成绩：_____

【实验目的】

1. 了解霍尔传感器测量磁场的原理与方法。
2. 测量圆线圈和亥姆霍兹线圈轴线上磁场的分布，进一步加强对磁场叠加原理的认识。

【实验仪器】

FD-HM-1 型圆线圈和亥姆霍兹线圈磁场测定仪。

【实验原理及预习问题】

1. 简述圆线圈与亥姆霍兹线圈轴线上磁场的测量实验原理。画出实验原理图。

2. 实验中为什么每测一点的磁感应强度之前都必须调零？

【实验数据记录】

注意：原始数据记录不得用铅笔填写，不得大量涂改！

1. 测量单个圆线圈轴线上各点的磁感应强度。

表9-1　测量载流圆线圈轴线上不同位置的磁感应强度数据记录表

x/cm	−11.00	−10.00	−9.00	−8.00	−7.00	−6.00	−5.00	−4.00
B/mT								
x/cm	−3.00	−2.00	−1.00	0.00	1.00	2.00	3.00	4.00
B/mT								
x/cm	5.00	6.00	7.00	8.00	9.00	10.00	11.00	12.00
B/mT								

2. 测量亥姆霍兹线圈轴线上各点的磁感应强度。

表9-2　测量两线圈轴线上各点的磁感应强度数据记录表　　　线圈间距 $d=20$cm

x/cm	−7.00	−6.00	−5.00	−4.00	−3.00	−2.00	−1.00	0.00
$B(a)$/mT								
$B(b)$/mT								
$B(a+b)$/mT								
x/cm	1.00	2.00	3.00	4.00	5.00	6.00	7.00	8.00
$B(a)$/mT								
$B(b)$/mT								
$B(a+b)$/mT								

表9-3　测量两线圈轴线上各点的磁感应强度数据记录表　　　线圈间距 $d=10$cm

x/cm	−7.00	−6.00	−5.00	−4.00	−3.00	−2.00	−1.00	0.00
$B(a)$/mT								
$B(b)$/mT								
$B(a+b)$/mT								
x/cm	1.00	2.00	3.00	4.00	5.00	6.00	7.00	8.00
$B(a)$/mT								
$B(b)$/mT								
$B(a+b)$/mT								

表9-4　测量两线圈轴线上各点的磁感应强度数据记录表　　　线圈间距 $d=5$cm

x/cm	−7.00	−6.00	−5.00	−4.00	−3.00	−2.00	−1.00	0.00
$B(a)$/mT								
$B(b)$/mT								
$B(a+b)$/mT								
x/cm	1.00	2.00	3.00	4.00	5.00	6.00	7.00	8.00
$B(a)$/mT								
$B(b)$/mT								
$B(a+b)$/mT								

指导教师签字：_____　　　日期：_____

【实验内容和数据处理】

1. 测量单个圆形线圈轴线上各点的磁感应强度。

表 9-5 测量载流圆线圈轴线上不同位置的磁感应强度数据整理表

x/cm	-11.00	-10.00	-9.00	-8.00	-7.00	-6.00	-5.00	-4.00
B/mT								
x/cm	-3.00	-2.00	-1.00	0.00	1.00	2.00	3.00	4.00
B/mT								
x/cm	5.00	6.00	7.00	8.00	9.00	10.00	11.00	12.00
B/mT								

在坐标纸上作出 B-x 曲线并进行分析讨论。

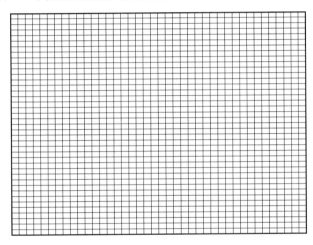

计算圆线圈中心点的磁感应强度**理论值**：$B = \dfrac{N\mu_0 I}{2R} =$

百分差：$E = \dfrac{|B_测 - B|}{B} \times 100\% =$

2. 测量亥姆霍兹线圈轴线上各点的磁感应强度并验证磁场叠加原理。

表 9-6 测量两线圈轴线上各点的磁感应强度数据整理表 线圈间距 $d = 20\text{cm}$

x/cm	-7.00	-6.00	-5.00	-4.00	-3.00	-2.00	-1.00	0.00
$B(a)$/mT								
$B(b)$/mT								
$B(a)+B(b)$/mT								
$B(a+b)$/mT								
x/cm	1.00	2.00	3.00	4.00	5.00	6.00	7.00	8.00
$B(a)$/mT								
$B(b)$/mT								
$B(a)+B(b)$/mT								
$B(a+b)$/mT								

表 9-7　测量两线圈轴线上各点的磁感应强度数据整理表　　　线圈间距 $d = 10\text{cm}$

x/cm	-7.00	-6.00	-5.00	-4.00	-3.00	-2.00	-1.00	0.00
$B(a)/\text{mT}$								
$B(b)/\text{mT}$								
$B(a)+B(b)/\text{mT}$								
$B(a+b)/\text{mT}$								
x/cm	1.00	2.00	3.00	4.00	5.00	6.00	7.00	8.00
$B(a)/\text{mT}$								
$B(b)/\text{mT}$								
$B(a)+B(b)/\text{mT}$								
$B(a+b)/\text{mT}$								

表 9-8　测量两线圈轴线上各点的磁感应强度数据整理表　　　线圈间距 $d = 5\text{cm}$

x/cm	-7.00	-6.00	-5.00	-4.00	-3.00	-2.00	-1.00	0.00
$B(a)/\text{mT}$								
$B(b)/\text{mT}$								
$B(a)+B(b)/\text{mT}$								
$B(a+b)/\text{mT}$								
x/cm	1.00	2.00	3.00	4.00	5.00	6.00	7.00	8.00
$B(a)/\text{mT}$								
$B(b)/\text{mT}$								
$B(a)+B(b)/\text{mT}$								
$B(a+b)/\text{mT}$								

在坐标纸上分别作出 $d = 5\text{cm}$、10cm、20cm 时的 $B(a+b)\text{-}x$ 曲线，并进行分析讨论。

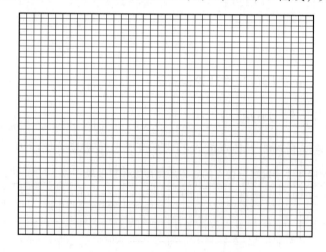

【问题讨论】

用霍尔效应测磁场，为什么励磁电流为零时显示的磁场值不是零？

10　落球法测定液体的黏度

班级：_____　　学号：_____　　姓名：_____

周次：第_____周；星期_____；时段：_____（填"上午、下午或晚上"）

设备号：_____　　　　　　　　　　　成绩：_____

【实验目的】

1. 用落球法测量不同温度下蓖麻油的黏度。
2. 练习用停表计时，用螺旋测微器测直径。

【实验仪器】

落球法变温黏度实验仪、ZKY-PID 温控实验仪、停表、螺旋测微器、钢球若干。

【实验原理及预习问题】

1. 小钢球在蓖麻油中下落是匀速运动还是变速运动？画出小钢球在蓖麻油中运动时的受力图。

2. 在什么条件下需对液体黏度的斯托克斯公式（即基本公式）进行修正？如何修正？

3. PID 温度控制系统的控温原理是什么？请简要描述。

【实验数据记录】

注意：原始数据记录不得用铅笔填写，不得大量涂改！

1. 基本参数。

表 10-1　基本参数记录表

小球密度 $\rho/kg \cdot m^{-3}$	小球直径 d/mm	小球匀速下落距离 l/cm	液体密度 $\rho_0/kg \cdot m^{-3}$	样品管内径 D/m

2. 测定不同温度下液体的黏度。

表 10-2　黏度的测定数据记录表　　　$\Delta_{仪2} = $ _____

温度 /℃	时间 t_i/s				
	1	2	3	4	5
30					
35					
40					
45					
50					

指导教师签字：_____　　　日期：_____

【实验内容和数据处理】

1. 检查仪器前面的水位管，将水箱水加到适当值。
2. 设定 PID 参数。
3. 测定小球在液体中的下落速度并计算黏度。

表 10-3　黏度的测定数据记录表

温度 /℃	时间 t/s						速度 $\bar{v}$/m·s^{-1}	测量值 $\bar{\eta}$/Pa·s	标准值 η_0/Pa·s
	1	2	3	4	5	平均值 $\bar{t}$			
30									0.451
35									
40									0.231
45									
50									

1）温度为＿＿30＿＿℃ 情况下，时间、速度的数据处理：

$$\bar{t} = \frac{1}{n}\sum_{i=1}^{n} t_i = \qquad S_t = \sqrt{\frac{\sum_{i=1}^{n}(t_i - \bar{t})^2}{n-1}} =$$

$$\Delta_t = \sqrt{S_t^2 + \Delta_{仪2}^2} =$$

$$\begin{cases} \bar{v} = \dfrac{l}{t} = \\ \Delta_v = \bar{v} \cdot \dfrac{\Delta_t}{t} = \end{cases}$$

2）温度为＿＿30＿＿℃ 时的数据处理：

$$\begin{cases} \bar{\eta} = \dfrac{(\rho - \rho_0)\, g\bar{d}^2}{18\bar{v}\,(1 + 2.4\,\bar{d}/D)} = \\ E_\eta = \dfrac{\Delta_\eta}{\bar{\eta}} = \sqrt{\left(\dfrac{2D + 2.4\bar{d}}{dD + 2.4\bar{d}^2} \cdot \Delta_d\right)^2 + \left(\dfrac{\Delta_v}{\bar{v}}\right)^2} = \\ \Delta_\eta = E_\eta \cdot \bar{\eta} = \end{cases}$$

雷诺数： $Re = \bar{v}d\rho_0 / \bar{\eta} =$

① 如果 $Re < 0.1$，则液体的黏度结果表示：$\begin{cases} \eta = \bar{\eta} \pm \Delta_\eta = \\ E_\eta = \dfrac{\Delta_\eta}{\bar{\eta}} \times 100\% = \end{cases}$

② 如果 $0.1 < Re < 1$，则黏度需一级修正为：$\bar{\eta}_1 = \bar{\eta} - 3v_0 d\rho_0 / 16 =$

结果表示 $\begin{cases} \eta = \bar{\eta}_1 \pm \Delta_\eta = \\ E_\eta = \dfrac{\Delta_\eta}{\bar{\eta}_1} \times 100\% = \end{cases}$

③ 如果 $Re > 1$，液体黏度需做更高级的修正，此实验不做要求。

3）___30___℃情况下百分差：$E = \dfrac{|\bar{\eta}(\text{或} \bar{\eta}_1) - \eta_0|}{\eta_0} \times 100\% =$

4）参照上述方法计算出**其他温度**情况下液体的黏度 $\bar{\eta}$（或 $\bar{\eta}_1$），填入上表。并作出 $\bar{\eta}$（或 $\bar{\eta}_1$）与温度关系的变化图。

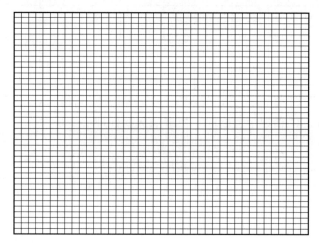

从图中可以得出结论：

【问题讨论】

实验中怎样操作才能有效减小液体温度与 PID 设定温度间的差异对测量结果的影响？

11 良导体热导率的测量

【实验目的】

1. 了解稳定流动法测定黄铜热导率的基本原理，掌握其实验要点。
2. 了解液位控制器的控制原理及流速调节。
3. 测定黄铜样品热传导平稳的四个温度值，用稳定流动法测定黄铜的热导率。

【实验仪器】

FD-CHM-A 型良导体热导率测量实验仪由实验仪主机箱（内含良导体黄铜样品、四个集成温度传感器、铂电阻温度传感器、电加热器、PID 温控单元、液晶显示模块）及具有流速控制功能的水箱等。

【实验原理及预习问题】

1. 简述稳定流动法测定黄铜的热导率基本原理。

2. 何时可以读取 T_1、T_2、T_3、T_4 四个温度值？

【实验数据记录】

注意：原始数据记录不得用铅笔填写，不得大量涂改！

1. **加热温度恒定**为_____℃时，分别记录**在低、高流速**情况下 A、B、D、C 四点的温度以及盛水器所接水的质量。

表 11-1　温度为_____℃时的数据记录表

控制器流速		A、B、D、C 四点温度 $T/℃$				盛水器质量 m/g	
		T_1	T_2	T_3	T_4	接水前 m_1	接水后 m_2
低	开始时						
	结束时						
高	开始时						
	结束时						

2. **控制器流速恒定**，加热温度分别为 70℃、75℃、80℃、85℃、90℃时，记录 A、B、D、C 四点的温度以及盛水器所接水的质量。

表 11-2　控制器流速恒定，不同加热温度时的数据记录表

加热温度		A、B、D、C 四点温度 $T/℃$				盛水器质量 m/g	
		T_1	T_2	T_3	T_4	接水前 m_1	接水后 m_2
70℃	开始时						
	结束时						
75℃	开始时						
	结束时						
80℃	开始时						
	结束时						
85℃	开始时						
	结束时						
90℃	开始时						
	结束时						

3. 黄铜的直径 $d=38.0\text{mm}$；黄铜上 A、B 之间的距离 $l=80.0\text{mm}$（已知）。

指导教师签字：_____　　日期：_____

【实验内容和数据处理】

1. 黄铜的直径 $d = 38.0\text{mm}$；黄铜上 A、B 之间的距离 $l = 80.0\text{mm}$，水的比热容 $c = 4200\text{J} \cdot \text{kg}^{-1} \cdot \text{K}^{-1}$。

2. **加热温度恒定**为_____℃时，分别记录并处理**在低、高流速情况下**相关数据。

表 11-3　温度为 80℃时的数据整理表

控制器流速		A、B、D、C 四点温度 T/℃				盛水器质量 m/g	
		T_1	T_2	T_3	T_4	接水前 m_1	接水后 m_2
低	开始时						
	结束时						
	平均值					$m = m_2 - m_1 = $_____	
高	开始时						
	结束时						
	平均值					$m = m_2 - m_1 = $_____	

完成表 11-3。_____℃时，分别计算**在低、高流速情况下**黄铜的热导率 λ：

$$\begin{cases} \lambda_{低} = \dfrac{4mlc(\overline{T}_3 - \overline{T}_4)}{\pi d^2(\overline{T}_1 - \overline{T}_2)t} = \\[3mm] \lambda_{高} = \dfrac{4mlc(\overline{T}_3 - \overline{T}_4)}{\pi d^2(\overline{T}_1 - \overline{T}_2)t} = \end{cases}$$

3. 控制器流速恒定，加热温度不同情况下，分别计算黄铜的热导率 λ，并通过作图说明在流速恒定情况下，热导率随温度的变化关系。

完成表 11-4。**流速恒定情况下**，分别计算在不同加热温度时黄铜的热导率 λ：

表 11-4　控制器流速恒定，不同加热温度时的数据整理表

加热温度		A、B、D、C 四点温度 T/℃				盛水器质量 m/g	
		T_1	T_2	T_3	T_4	接水前 m_1	接水后 m_2
70℃	开始时						
	结束时						
	平均值					$m = m_2 - m_1 = $_____	
75℃	开始时						
	结束时						
	平均值					$m = m_2 - m_1 = $_____	
80℃	开始时						
	结束时						
	平均值					$m = m_2 - m_1 = $_____	

（续）

加 热 温 度		A、B、D、C 四点温度 $T/℃$				盛水器质量 m/g	
		T_1	T_2	T_3	T_4	接水前 m_1	接水后 m_2
85℃	开始时						
	结束时						
	平均值					$m = m_2 - m_1 = $ _____	
90℃	开始时						
	结束时						
	平均值					$m = m_2 - m_1 = $ _____	

$$
\begin{cases}
\lambda_{70} = \dfrac{4mlc(\overline{T}_3 - \overline{T}_4)}{\pi d^2 (\overline{T}_1 - \overline{T}_2)t} = \\[3mm]
\lambda_{75} = \dfrac{4mlc(\overline{T}_3 - \overline{T}_4)}{\pi d^2 (\overline{T}_1 - \overline{T}_2)t} = \\[3mm]
\lambda_{80} = \dfrac{4mlc(\overline{T}_3 - \overline{T}_4)}{\pi d^2 (\overline{T}_1 - \overline{T}_2)t} = \\[3mm]
\lambda_{85} = \dfrac{4mlc(\overline{T}_3 - \overline{T}_4)}{\pi d^2 (\overline{T}_1 - \overline{T}_2)t} = \\[3mm]
\lambda_{90} = \dfrac{4mlc(\overline{T}_3 - \overline{T}_4)}{\pi d^2 (\overline{T}_1 - \overline{T}_2)t} =
\end{cases}
$$

热导率 λ 随温度的变化关系：

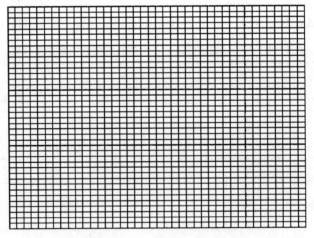

【问题讨论】

为液位控制器加水时，能否使用冷却样品中流出的热水？为什么？

12 迈克尔逊干涉仪的调整及使用

班级：_____ 学号：_____ 姓名：_____

周次：第_____周；星期_____；时段：_____（填"上午、下午或晚上"）

设备号：_____ 成绩：_____

【实验目的】

1. 掌握迈克尔逊干涉仪的调节方法。
2. 观察各种干涉图样，比较它们各自不同的特点。
3. 测定 He-Ne 激光波长。

【实验仪器】

迈克尔逊干涉仪、He-Ne 激光器、升降式低压钠灯、毛玻璃片、小孔光阑、扩束镜（短焦距会聚镜）、投影屏。

【实验原理及预习问题】

1. 根据迈克尔逊干涉仪的光路，说明各光学元件的作用。

2. 等倾干涉条纹中心条纹是亮斑还是暗斑由什么决定？请用公式表达对应关系。

【实验数据记录】

注意：原始数据记录不得用铅笔填写，不得大量涂改！

1. 测 He-Ne 激光器的波长。

数"冒出"或"缩进"50 个条纹环，记录一次 M_1 的位置，连续记录 8 组数据。微调手轮须向同一方向旋转。

表 12-1　测 He-Ne 激光器的波长数据记录表　　　　$\Delta_仪 =$ _____

条纹变化数	0	50	100	150	200	250	300	350
M_1 位置 x_i/mm								

指导教师签字：_____　　日期：_____

【实验内容和数据处理】

1. 非定域干涉条纹的调节。

调节平面镜 M_1 与 M_2' 严格平行，在视场中调节出非定域干涉的等倾干涉同心圆条纹，转动微调手轮使 M_1 前后移动，观察中心条纹"冒出"或"缩进"，判断 M_1 和 M_2' 之间的距离是增大还是减小。

2. 测 He-Ne 激光器的波长。

数"冒出"或"缩进"50 个条纹环，记录一次 M_1 的位置，连续记录 8 组数据。微调手轮须向同一方向旋转。

表 12-2   测 He-Ne 激光器的波长数据整理表

条纹变化数	0	50	100	150	200	250	300	350
M_1 位置 x_i/mm								

1）用分组逐差法计算可动平面镜移动的距离 Δd：

$$\overline{\Delta d} = \frac{1}{16} \sum_{i=1}^{4} (x_{i+4} - x_i) = $$

$$\Delta_{\Delta d} = \frac{\sqrt{2}}{8} \Delta_{仪} \approx 0.177 \Delta_{仪} = $$

2）He-Ne 激光器的波长平均值 $\overline{\lambda}$ 及不确定度 Δ_λ 为：

$$\begin{cases} \overline{\lambda} = \dfrac{2\,\overline{\Delta d}}{N} = \\ \Delta_\lambda = \dfrac{2}{N} \cdot \Delta_{\Delta d} = \end{cases}$$

3）测量结果表示为：

$$\begin{cases} \lambda = \overline{\lambda} \pm \Delta_\lambda = \\ E_\lambda = \dfrac{\Delta_\lambda}{\overline{\lambda}} \times 100\% = \end{cases}$$

4）与 He-Ne 激光器发出波长参考值 $\lambda_0 = 632.8$ nm 比较，百分差为：

$$E = \frac{|\overline{\lambda} - \lambda_0|}{\lambda_0} \times 100\% = $$

3. 调节和观察等厚干涉条纹。

在实验内容 2 的基础上，移动 M_1 和 M_2' 大致重合，调节 M_2 后的螺钉使 M_1 和 M_2' 有一个很小的夹角，等倾圆条纹被破坏，这时视场中出现直线干涉条纹，这就是等厚干涉条纹。仔细调节 M_2 后的螺钉和微调螺钉，即改变夹角的大小，观察条纹的疏密变化。转动粗调手轮，使 M_1 前后移动，观察条纹的形状、粗细、疏密如何随 M_1 的位置变化而变化，并简要分析。

【问题讨论】

1. 当 d 增加时，等倾干涉同心圆条纹是"冒出"还是"缩进"？为什么？

2. 观察等倾干涉条纹，固定反射镜和可动反射镜的夹角应该满足什么条件？

13 受迫振动的研究

班级：_____　学号：_____　姓名：_____

周次：第_____周；星期_____；时段：_____（填"上午、下午或晚上"）

设备号：_____　　　　　　　　　　成绩：_____

【实验目的】

1. 研究玻尔共振仪中弹性摆轮受迫振动的幅频特性和相频特性。
2. 研究不同阻尼力矩对受迫振动的影响，观察共振现象。
3. 学习用频闪方法测定动态的物理量。
4. 学习系统误差的修正。

【实验仪器】

ZKY-BG 型玻尔共振仪。

【实验原理及预习问题】

1. 什么是受迫振动？什么是共振？

2. 摆轮的运动可分成哪几部分？共振时，摆轮的圆频率、振幅分别是什么？

【实验数据记录】

注意：原始数据记录不得用铅笔填写，不得大量涂改！

1. 摆轮振幅 θ 与系统固有周期 T_0 的测量。

表 13-1　振幅 θ 与 T_0 数据记录表

振幅 $\theta/(°)$							
固有周期 T_0/s							
振幅 $\theta/(°)$							
固有周期 T_0/s							
振幅 $\theta/(°)$							
固有周期 T_0/s							
振幅 $\theta/(°)$							
固有周期 T_0/s							

2. 测定阻尼系数 β。

表 13-2　测定阻尼系数的数据记录表　　　　阻尼挡位：_____

振幅 $\theta_n/(°)$		振幅 $\theta_n/(°)$	
θ_1		θ_6	
θ_2		θ_7	
θ_3		θ_8	
θ_4		θ_9	
θ_5		θ_{10}	
		$10T = $ _____ s	

3. 测定受迫振动的幅频特性和相频特性曲线。

表 13-3　测量摆轮受迫振动的幅频和相频特性的数据记录表　　　　阻尼挡位：_____

强迫力矩周期 T/s						
振幅 $\theta/(°)$						
相位差 $\varphi/(°)$						
与振幅 θ 对应的固有周期 T_0/s						
强迫力矩周期 T/s						
振幅 $\theta/(°)$						
相位差 $\varphi/(°)$						
与振幅 θ 对应的固有周期 T_0/s						

指导教师签字：_____　　　　日期：_____

【实验内容和数据处理】

1. 在"自由振荡"界面测量摆轮振幅 θ 与系统固有周期 T_0。

表 13-4 振幅 θ 与 T_0 数据整理表

振幅 $\theta/(°)$							
固有周期 T_0/s							
振幅 $\theta/(°)$							
固有周期 T_0/s							
振幅 $\theta/(°)$							
固有周期 T_0/s							
振幅 $\theta/(°)$							
固有周期 T_0/s							

2. 在"阻尼振荡"界面，选择合适的阻尼挡，首先将角度盘指针放在"0°"位置，用手转动摆轮 160° 左右，当 θ_0 在 150° 左右时，开始记录数据。仪器记录 10 组数据 θ_1，θ_2，…，θ_{10}。

表 13-5 测定阻尼系数的数据整理表 阻尼挡位：_____

振幅 $\theta_n/(°)$	振幅 $\theta_n/(°)$	$\beta = \dfrac{1}{5T}\ln\dfrac{\theta_i}{\theta_{i+5}}$
θ_1	θ_6	
θ_2	θ_7	
θ_3	θ_8	
θ_4	θ_9	
θ_5	θ_{10}	
$10T =$ s		平均值 = _____

3. 测定受迫振动的幅频特性和相频特性曲线。

表 13-6 测量摆轮受迫振动的幅频和相频特性的数据整理表 阻尼挡位：_____

强迫力矩周期 T/s						
振幅 $\theta/(°)$						
相位差 $\varphi/(°)$						
与振幅 θ 对应的固有周期 T_0/s						
$\omega/\omega_0 = T_0/T$						
强迫力矩周期 T/s						
振幅 $\theta/(°)$						
相位差 $\varphi/(°)$						
与振幅 θ 对应的固有周期 T_0/s						
$\omega/\omega_0 = T_0/T$						

1）以 ω/ω_0 为横坐标，振幅 θ 为纵坐标，在坐标纸上作 θ-ω/ω_0 幅频曲线。

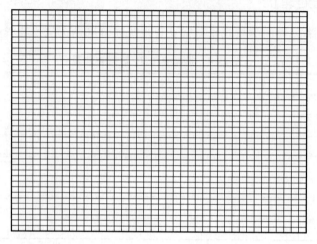

2）以 ω/ω_0 为横坐标、相位差 φ 为纵坐标，在坐标纸上作 φ-ω/ω_0 相频曲线。

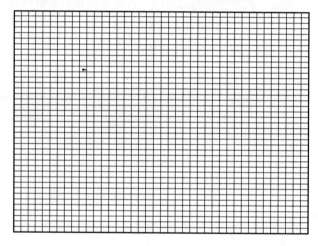

【问题讨论】

1. 受迫振动的振幅和相位差与哪些因素有关？

2. 实验中是怎样利用频闪原理来测定相位差的？

14 非良导体热导率的测量

班级：_____ 　　学号：_____ 　　姓名：_____

周次：第_____周；星期_____；时段：_____（填"上午、下午或晚上"）

设备号：_____ 　　　　　　　　　　　成绩：_____

【实验目的】

1. 掌握热学实验的基本知识和技能。
2. 了解热传导现象的物理过程。
3. 学会用稳态平板法测量非良导体的热导率。
4. 通过作物体冷却曲线和求平衡温度下物体的冷却速度，加深对数据处理作图法的理解。

【实验仪器】

YJ-RZ-4A 数字智能化热学综合实验仪、恒温加热盘、散热铝盘（侧面有测温插孔）、温度传感器、隔热支架、游标卡尺、物理天平、待测样品盘。

【实验原理及预习问题】

1. 热传导的物理过程是什么？简述本实验测定非良导体（橡胶盘）热导率的测量原理。

2. 实验中如何确定加热圆盘 C、散热铝盘 A 的稳恒态？

【实验数据记录】

注意：原始数据记录不得用铅笔填写，不得大量涂改！

1. 建立稳恒态，记下铝盘 A 的温度 T_2 和圆盘 C 的温度 T_1。

$$T_2 = \underline{\hspace{3cm}} ℃ ; \qquad T_1 = \underline{\hspace{3cm}} ℃$$

2. 测量铝盘 A 在 T_2 时的自然冷却速率。

表 14-1　铝盘自然冷却过程的测量数据记录表

时间 t/s							
温度 T_A/℃							
时间 t/s							
温度 T_A/℃							

3. 测量铝盘 A 和样品 B 的直径、厚度。

表 14-2　长度和质量测量数据

游标卡尺零点误差：_____mm；铝盘质量 $m_{铝}$ = _____g

待测物理量	测 量 值	修 正 值
铝盘直径 D'_A/mm		
铝盘厚度 h'_A/mm		
样品盘直径 D'_B/mm		
样品盘厚度 h'_B/mm		

指导教师签字：_____　　日期：_____

【实验内容和数据处理】

1. 建立稳恒态，记下铝盘 A 的温度 T_2 和圆盘 C 的温度 T_1。

$$T_2 = \underline{\hspace{3cm}} ℃ ; \qquad T_1 = \underline{\hspace{3cm}} ℃$$

2. 测量铝盘 A 在 T_2 时的自然冷却速率。

表 14-3　铝盘自然冷却过程的测量数据整理表

时间 t/s									
温度 $T_\mathrm{A}/℃$									
时间 t/s									
温度 $T_\mathrm{A}/℃$									

以时间 t 为横坐标、T_A 为纵坐标，作铝盘 A 的冷却曲线。用图解法求出铝盘 A 在 T_2 附近的冷却速率 $\mathrm{d}T/\mathrm{d}t$。

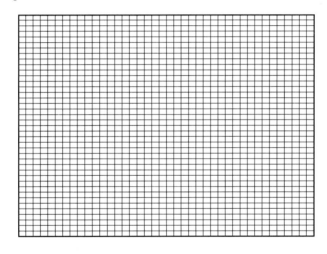

$$\frac{\mathrm{d}T}{\mathrm{d}t} = \frac{T_\mathrm{a} - T_\mathrm{b}}{t_\mathrm{a} - t_\mathrm{b}} =$$

3. 测量铝盘 A 和样品 B 的直径、厚度。

表 14-4　长度和质量测量数据整理表

游标卡尺零点误差：＿＿＿＿＿mm；铝盘质量 $m_0 =$ ＿＿＿＿＿g

待测物理量	测　量　值	修　正　值
铝盘直径 D'_A/mm		
铝盘厚度 h'_A/mm		
样品盘直径 D'_B/mm		
样品盘厚度 h'_B/mm		

4. 求出待测材料的热导率 λ。

$$\lambda = \frac{m_{铝}c_{铝}h_B(R_A + 2h_A)}{2\pi R_B^2(T_1 - T_2)(R_A + h_A)} \cdot \frac{dT}{dt} =$$

【问题讨论】

1. 本实验所用的稳态平板法是否适用于测量热的良导体的热导率？为什么？

2. 试分析本实验中测量误差的主要来源。

15 光的等厚干涉实验及其应用研究

班级：_____ 学号：_____ 姓名：_____

周次：第_____周；星期_____；时段：_____（填"上午、下午或晚上"）

设备号：_____ 成绩：_____

【实验目的】

1. 观察和研究等厚干涉现象及其特点，加深对光的波动性的认识。
2. 学会利用光的干涉法测量平凸透镜的曲率半径。
3. 学习使用劈尖干涉法测微小厚度。
4. 学会正确使用读数显微镜。

【实验仪器】

JCD₃读数显微镜、牛顿环装置、劈尖、钠光灯、钠光灯电源。

【实验原理及预习问题】

1. 简述用牛顿环装置测量透镜曲率半径的原理，并画出原理光路图。

2. 简述劈尖干涉法测量细丝直径的原理，并画出原理光路图。

【实验数据记录】

注意：原始数据记录不得用铅笔填写，不得大量涂改！

1. 干涉法测量平凸透镜的曲率半径。

表 15-1　等厚干涉实验数据记录表　　　　　　$\Delta_{仪} = $ _____

环的级数 k		40	39	38	37	36	35	34	33	32	31
环的位置/mm	$x_{左}$										
	$x_{右}$										
环的级数 k		30	29	28	27	26	25	24	23	22	21
环的位置/mm	$x_{左}$										
	$x_{右}$										

2. 劈尖干涉法测量金属细丝的直径 d。

说明：测量时，每 10 条暗纹为一组，共测 6 组。

表 15-2　劈尖干涉法测量金属细丝的直径数据记录表　　　$\Delta_{仪} = $ _____

10 条暗纹宽度 l	暗纹组序号	1	2	3	4	5	6
	组纹位置 X_i/mm						
L 的测量	测量次数	1	2	3	4	5	6
	劈棱位置 x_{0i}/mm						
	细丝位置 x_i/mm						

指导教师签字：_____　　　日期：_____

【实验内容和数据处理】

1. 观察牛顿环产生的等厚干涉条纹。
2. 测量牛顿环平凸透镜的曲率半径。

表 15-3　等厚干涉实验数据整理表

环的级数 k		40	39	38	37	36	35	34	33	32	31
环的位置/mm	$x_左$										
	$x_右$										
环的直径 D_k/mm											
D_k^2/mm²											
环的级数 k		30	29	28	27	26	25	24	23	22	21
环的位置/mm	$x_左$										
	$x_右$										
环的直径 D_k/mm											
D_k^2/mm²											

1）按要求完成表 15-3，在坐标纸上作 D_k^2-k 图线，直线拟合后求出斜率 κ，再由 κ 得到曲率半径 R。

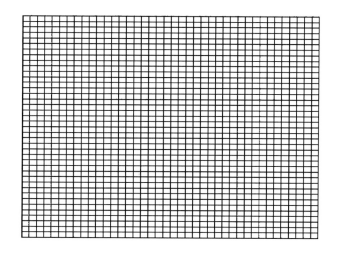

2）拟合直线的斜率 $\kappa =$

曲率半径 $R = \dfrac{\kappa}{4\lambda} =$

3. 劈尖干涉法测量金属细丝的直径 d。

表 15-4 劈尖干涉法测量金属细丝的直径数据整理表

	暗纹组序号	1	2	3	4	5	6
10 条暗纹宽度 l	组纹位置 X_i/mm						
	测量次数	1	2	3	4	5	6
L 的测量	劈棱位置 x_{0i}/mm						
	细丝位置 x_i/mm						

1）10 条暗纹宽度的平均值 $\bar{l}$ 和不确定度 Δ_l：

$$\bar{l} = \frac{1}{9} \sum_{i=1}^{3} (X_{i+3} - X_i) = $$

$$\Delta_l = \frac{1}{9} \sqrt{6\Delta_{仪}^2} \approx 0.272\Delta_{仪} = $$

2）两玻璃板交线处至细丝距离的平均值 $\bar{L}$ 和不确定度 Δ_L：

$$\begin{cases} \bar{x}_0 = \dfrac{1}{n} \sum_{i=1}^{n} x_{0i} = \\[3mm] S_{x_0} = \sqrt{\dfrac{\sum_i (x_{0i} - \bar{x}_0)^2}{n-1}} = \\[3mm] \Delta_{x_0} = \sqrt{S_{x_0}^2 + \Delta_{仪}^2} = \end{cases}$$

$$\begin{cases} \bar{x} = \dfrac{1}{n} \sum_{i=1}^{n} x_i = \\[3mm] S_x = \sqrt{\dfrac{\sum_i (x_i - \bar{x})^2}{n-1}} = \\[3mm] \Delta_x = \sqrt{S_x^2 + \Delta_{仪}^2} = \end{cases}$$

$$\begin{cases} \bar{L} = \bar{x} - \bar{x}_0 = \\[3mm] \Delta_L = \sqrt{\Delta_{x_0}^2 + \Delta_x^2} = \end{cases}$$

3）金属丝的直径：

$$\bar{d} = \frac{10}{\bar{l}} \cdot \bar{L} \cdot \frac{\lambda}{2} = $$

$$E_d = \frac{\Delta_d}{\bar{d}} = \sqrt{\left(\frac{\Delta_L}{\bar{L}}\right)^2 + \left(\frac{\Delta_l}{\bar{l}}\right)^2} = $$

$$\Delta_d = E_d \cdot \bar{d} =$$

4）结果表示：

$$\begin{cases} d = \bar{d} \pm \Delta_d = \\ E_d = \dfrac{\Delta_d}{\bar{d}} \times 100\% = \end{cases}$$

【问题讨论】

在实验操作过程中还可采取什么具体措施以提高测量精度？

16 密立根油滴实验

班级：_____ 学号：_____ 姓名：_____

周次：第_____周；星期_____；时段：_____（填"上午、下午或晚上"）

设备号：_____ 成绩：_____

【实验目的】

1. 通过密立根油滴实验来验证电荷的"量子化"。
2. 测定电子的电荷量 e。
3. 学习 CCD 电子显示技术的应用。

【实验仪器】

MOD-5C 型 与 CCD 一体化的屏显油滴仪 1 套。

【实验原理及预习问题】

1. 油雾室中的油滴受到哪些力的作用？请画出油滴受力图。

2. 简述用平衡方法测电子电荷量的实验原理。

【实验数据记录】

注意：原始数据记录不得用铅笔填写，不得大量涂改！

表 16-1 油滴的平衡电压和运动时间测量数据记录表

$\Delta_U = $ _____ ；　　$\Delta_t = $ _____

测 量 次 数		1	2	3	4	5	6	7	8
油滴 1	平衡电压 U_{1i}/V								
	运动时间 t_{1i}/s								
油滴 2	平衡电压 U_{2i}/V								
	运动时间 t_{2i}/s								
油滴 3	平衡电压 U_{3i}/V								
	运动时间 t_{3i}/s								
油滴 4	平衡电压 U_{4i}/V								
	运动时间 t_{4i}/s								
油滴 5	平衡电压 U_{5i}/V								
	运动时间 t_{5i}/s								

指导教师签字： _____　　　日期： _____

【实验内容和数据处理】

1. 调整仪器。

2. 练习测量。

（1）练习控制油滴；（2）练习测量油滴运动的时间；（3）练习选择油滴。

3. 正式测量。

用平衡测量法时要测量的有两个量，一个是平衡电压 U，另一个是油滴匀速下降一段距离所需要的时间 t。

表 16-2   油滴的平衡电压和运动时间测量数据整理表

测 量 次 数		1	2	3	4	5	6	7	8
油滴 1	平衡电压 U_{1i}/V								
	运动时间 t_{1i}/s								
油滴 2	平衡电压 U_{2i}/V								
	运动时间 t_{2i}/s								
油滴 3	平衡电压 U_{3i}/V								
	运动时间 t_{3i}/s								
油滴 4	平衡电压 U_{4i}/V								
	运动时间 t_{4i}/s								
油滴 5	平衡电压 U_{5i}/V								
	运动时间 t_{5i}/s								

1）油滴 1 的数据处理：

① 平衡电压的处理过程：

$$\overline{U}_1 = \frac{1}{n} \sum_{i=1}^{n} U_{1i} = \qquad\qquad \Delta_{U_1} = \sqrt{S_{U_1}^2 + \Delta_U^2} =$$

$$S_{U_1} = \sqrt{\frac{\sum_{i=1}^{n} (U_{1i} - \overline{U}_1)^2}{n - 1}} =$$

② 运动时间的处理过程：

$$\overline{t}_1 = \frac{1}{n} \sum_{i=1}^{n} t_{1i} = \qquad\qquad \Delta_{t_1} = \sqrt{S_{t_1}^2 + \Delta_t^2} =$$

$$S_{t_1} = \sqrt{\frac{\sum_{i=1}^{n} (t_{1i} - \overline{t}_1)^2}{n - 1}} =$$

③ 电荷量的计算过程：

$$\overline{q}_1 = \frac{1.43 \times 10^{-14}}{[\overline{t}_1 (1 + 0.02\sqrt{\overline{t}_1})]^{3/2}} \cdot \frac{1}{\overline{U}_1} =$$

$$E_{q_1} = \frac{\Delta_{q_1}}{\overline{q}_1} = \sqrt{\left(\frac{\Delta_{U_1}}{\overline{U}_1}\right)^2 + \frac{9}{4}\left[\frac{1}{\overline{t}_1} + \frac{1}{2(\sqrt{\overline{t}_1} + 0.02\overline{t}_1)}\right]^2 \cdot \Delta_{t_1}^2} =$$

$\Delta_{q_1} = E_{q_1} \cdot \bar{q}_1 =$

④ 电荷数的计算：

$$n_1 = \left[\frac{\bar{q}_1}{1.602 \times 10^{-19}} \right] = \qquad\qquad\qquad （"[\ ]" 表示取整）$$

2）**其他各油滴的数据处理参照油滴1的方法处理，并将处理结果填入下表：**

表 16-3　各油滴计算结果汇总表

	$\bar{U}_i/\text{V}$	$\bar{t}_i/\text{s}$	电荷量 $\bar{q}_i / \times 10^{-19}\text{C}$	电荷数 n_i
油滴 1				
油滴 2				
油滴 3				
油滴 4				
油滴 5				

3）按照各油滴计算结果，以 n_i 为横轴、$\bar{q}_i$ 为纵轴，在坐标纸上描绘出相应的点 $(n_i, \bar{q}_i)$，并用直线进行拟合，求出拟合直线的斜率 k。则有

$e_{测} = k =$

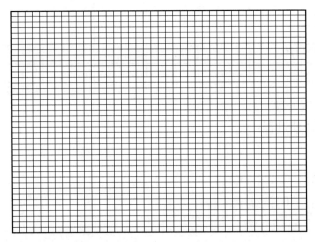

4）将 $e_{测}$ 与公认值 $1.602 \times 10^{-19}\text{C}$ 比较，求出百分差。

$$E = \frac{\left| e_{测} - 1.602 \times 10^{-19}\text{C} \right|}{1.602 \times 10^{-19}\text{C}} \times 100\% =$$

【问题讨论】

对同一油滴做多次测量的过程中，为什么平衡电压会有小的变化？

17 利用光电效应原理测普朗克常量

班级：_____ 学号：_____ 姓名：_____

周次：第_____周；星期_____；时段：_____（填"上午、下午或晚上"）

设备号：_____ 成绩：_____

【实验目的】

1. 加深对光的量子性的理解。
2. 验证爱因斯坦方程，测量普朗克常量。
3. 学习用计算机采集和处理数据。

【实验仪器】

ZKY-GD-4 智能光电效应实验仪（包括汞灯及电源、滤光片、光阑、光电管、智能实验仪等）。

【实验原理及预习问题】

1. 什么是光电效应？光电效应的规律有哪些？

2. 什么是爱因斯坦方程？本实验采用什么方法来验证爱因斯坦方程？

3. 如何求普朗克常量 h？

【实验数据记录】

注意：原始数据记录不得用铅笔填写，不得大量涂改！

1. 测普朗克常量 h。

表 17-1　U_0-ν 关系数据记录表　　　　光阑孔直径 $\phi = 4$mm

波长 λ_i/nm		365.0	404.7	435.8	546.1	577.0
频率 ν_i/10^{14}Hz		8.214	7.408	6.879	5.490	5.196
截止电压 U_{0i}/V	手动					
	自动					

2. 测光电管的伏安特性曲线。

表 17-2　I-U 关系数据记录表　　　　光阑孔直径 $\phi = 4$mm，波长 $\lambda = 365$nm

U_i/V	-1	0	2	4	6	8	10	12
I_i/10^{-10}A								
U_i/V	14	16	18	20	22	24	26	28
I_i/10^{-10}A								
U_i/V	30	32	34	36	38	40	42	44
I_i/10^{-10}A								

3. 验证光电管的饱和光电流与入射光强的关系。

表 17-3　I_M-ϕ 关系数据整理表　　　　$U = 50$V，$\lambda = 577$nm，$L = 400$mm

光阑孔直径 ϕ/mm	2	4	8
I_M/10^{-10}A			

指导教师签字：_____　　日期：_____

【实验内容和数据处理】

1. 测普朗克常量 h。

将"伏安特性测试/截止电压测试"状态键选为"截止电压测试"状态。"电流量程"开关仍处于"10^{-13}"挡。

表 17-4 U_0-ν 关系数据整理表　　　　　　　光阑孔直径 $\phi = 4\text{mm}$

波长 λ_i/nm		365.0	404.7	435.8	546.1	577.0
频率 ν_i/10^{14}Hz		8.214	7.408	6.879	5.490	5.196
截止电压 U_{0i}/V	手动					
	自动					

由表 17-4 的实验数据，在坐标纸上作 U_0-ν 直线，求出直线斜率 k，用 $h = ek$ 求出普朗克常量，并与 h 的公认值 $h_0 = 6.626 \times 10^{-34}\text{J} \cdot \text{s}$ 比较，求出百分差。

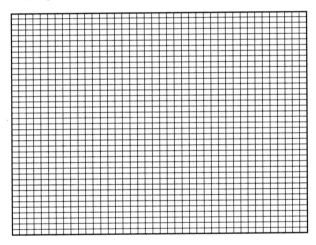

2. 测光电管的伏安特性曲线。

将"伏安特性测试/截止电压测试"状态键设为"伏安特性"测试状态，"电流量程"开关拨至"10^{-10}"挡，并重新调零。

表 17-5 I-U 关系数据整理表　　　　光阑孔直径 $\phi = 4\text{mm}$，波长 $\lambda = 365\text{nm}$

U_i/V	-1	0	2	4	6	8	10	12
I_i/10^{-10}A								
U_i/V	14	16	18	20	22	24	26	28
I_i/10^{-10}A								
U_i/V	30	32	34	36	38	40	42	44
I_i/10^{-10}A								

由表 17-5 的实验数据，在坐标纸上作对应于以上波长及光强的伏安特性曲线，总结规律。

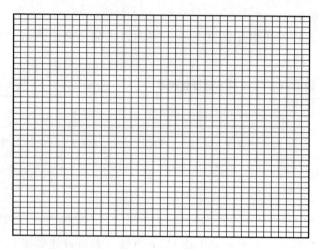

3. 验证光电管的饱和光电流与入射光强的关系。

表 17-6 I_M-ϕ 关系数据整理表　　　　$U = 50\text{V}$，$\lambda = 577\text{nm}$，$L = 400\text{mm}$

光阑孔直径 ϕ/mm	2	4	8
$I_M/10^{-10}\text{A}$			

由表 17-6 的实验数据，在坐标纸上作图，总结规律。

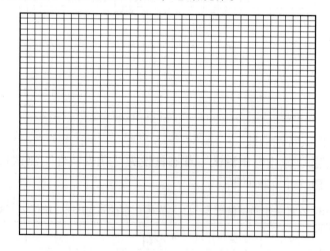

【问题讨论】

解释 U_0-ν 的关系曲线中各物理量之间的关系，试说明直线在横轴上截距的意义。

18　弗兰克-赫兹实验

班级：_____　学号：_____　姓名：_____

周次：第_____周；星期_____；时段：_____（填"上午、下午或晚上"）

设备号：_____　成绩：_____

【实验目的】

1. 了解弗兰克-赫兹实验的设计思想和基本实验方法。
2. 通过测量氩原子第一激发电位，加深对原子结构的了解。
3. 通过示波器综合观察实验所显示的结果，强化对实验设计思想的理解。

【实验仪器】

ZKY-FH-2 智能弗兰克-赫兹实验仪、导线及电缆线。

【实验原理及预习问题】

1. 简述测量原子第一激发电位的实验原理。

2. 从实验曲线可以看到板极电流并不是突然改变的，每个峰和谷都有圆滑的过渡，这是为什么？

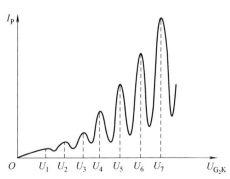

【实验数据记录】

注意：原始数据记录不得用铅笔填写，不得大量涂改！

表 18-1 U_{G_2K} 与 I_P 数据记录表

U_{G_2K}/V	$I_P/10^{-7}A$	U_{G_2K}/V	$I_P/10^{-7}A$	U_{G_2K}/V	$I_P/10^{-7}A$
0.0		27.0		54.0	
1.0		28.0		55.0	
2.0		29.0		56.0	
3.0		30.0		57.0	
4.0		31.0		58.0	
5.0		32.0		59.0	
6.0		33.0		60.0	
7.0		34.0		61.0	
8.0		35.0		62.0	
9.0		36.0		63.0	
10.0		37.0		64.0	
11.0		38.0		65.0	
12.0		39.0		66.0	
13.0		40.0		67.0	
14.0		41.0		68.0	
15.0		42.0		69.0	
16.0		43.0		70.0	
17.0		44.0		71.0	
18.0		45.0		72.0	
19.0		46.0		73.0	
20.0		47.0		74.0	
21.0		48.0		75.0	
22.0		49.0		76.0	
23.0		50.0		77.0	
24.0		51.0		78.0	
25.0		52.0		79.0	
26.0		53.0		80.0	

指导教师签字：＿＿＿＿＿＿＿＿　　　日期：＿＿＿＿＿＿＿＿

【实验内容和数据处理】

1. 按图接好线路，检查无误后接通电源预热 20min。

表 18-2　U_{G_2K} 与 I_P 数据整理表

U_{G_2K}/V	$I_P/10^{-7}A$	U_{G_2K}/V	$I_P/10^{-7}A$	U_{G_2K}/V	$I_P/10^{-7}A$
0.0		27.0		54.0	
1.0		28.0		55.0	
2.0		29.0		56.0	
3.0		30.0		57.0	
4.0		31.0		58.0	
5.0		32.0		59.0	
6.0		33.0		60.0	
7.0		34.0		61.0	
8.0		35.0		62.0	
9.0		36.0		63.0	
10.0		37.0		64.0	
11.0		38.0		65.0	
12.0		39.0		66.0	
13.0		40.0		67.0	
14.0		41.0		68.0	
15.0		42.0		69.0	
16.0		43.0		70.0	
17.0		44.0		71.0	
18.0		45.0		72.0	
19.0		46.0		73.0	
20.0		47.0		74.0	
21.0		48.0		75.0	
22.0		49.0		76.0	
23.0		50.0		77.0	
24.0		51.0		78.0	
25.0		52.0		79.0	
26.0		53.0		80.0	

2. 按"手动/自动"键，将仪器设为"手动"工作状态，按"1μA"键选择电流表量程，依次按下"U_F"、"U_{G_1K}"和"U_{G_2P}"挡位键，按机盖上所提供的数据，分别设置灯丝电压 U_F、第一加速电压 U_{G_1K} 和减速电压 U_{G_2P}。

3. 按下"启动"键和"U_{G_2K}"键，以 1V 为步长，增加第二加速电压 U_{G_2K} 直至 80V，并记录相应的板极电流 I_P。

数据处理：1）根据实验数据在坐标纸上绘出 I_P-U_{G_2K} 曲线；2）读出曲线上峰、谷对应的 U_{G_2K} 值；3）求氩的第一激发电位的平均值 $\overline{U}_0$；4）将 $\overline{U}_0$ 与氩的第一激发电位公认值 11.8V 比较，计算百分差 E，写出结果表达式。

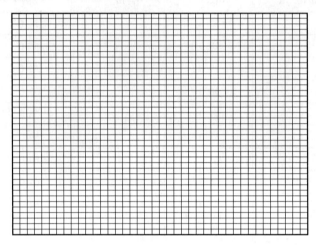

表 18-3　从绘出的 I_P-U_{G_2K} 曲线中读出峰、谷对应的 U_{G_2K}

峰、谷位	$U_{峰5}$	$U_{峰4}$	$U_{峰3}$	$U_{峰2}$	$U_{谷4}$	$U_{谷3}$	$U_{谷2}$	$U_{谷1}$
数值/V								

$$\overline{U}_0 = \frac{(U_{峰5} + U_{峰4} + U_{谷4} + U_{谷3}) - (U_{峰3} + U_{峰2} + U_{谷2} + U_{谷1})}{8} =$$

$$E = \frac{|\overline{U}_0 - 11.8|}{11.8} \times 100\% =$$

【问题讨论】

为什么有时候手动调加速电压，无意调大了，再调小时和原来数据相差较大？

19 光的偏振现象研究

| 班级： _____ | 学号： _____ | 姓名： _____ |

周次：第 _____ 周；星期 _____ ；时段： _____ （填"上午、下午或晚上"）

设备号： _____ 成绩： _____

【实验目的】

1. 观察光的偏振现象。
2. 学习产生和检验偏振光的方法。

【实验仪器】

SGP-2A 型偏振光实验系统（含导轨）、氦氖激光器、测角平台、偏振片、黑玻璃、光电探头、光具架、光功率计。

【实验原理及预习问题】

1. 简述马吕斯定律，并画出验证马吕斯定律的光路图。如何将起偏器与检偏器调到正交或平行？

2. 简述利用玻璃片反射的方法获得偏振光的原理，分析当入射光满足哪种条件时反射光会出现消光现象。

【实验数据记录】

注意：原始数据记录不得用铅笔填写，不得大量涂改！

1. 验证马吕斯定律。

表 19-1　P_2 转动角度 α 与光功率 I 的关系数据记录表

$\alpha/(°)$	0	15	30	45	60	75	90	105	120
I/mW									
$\alpha/(°)$	135	150	165	180	195	210	225	240	255
I/mW									
$\alpha/(°)$	270	285	300	315	330	345	360		
I/mW									

2. 测定布儒斯特角的数据。

表 19-2　黑玻璃转动角度 α 与光功率 I 的关系数据记录表

$\alpha/(°)$	45	46	47	48	49	50	51	52	53	54	55
I/mW											
$\alpha/(°)$	56	57	58	59	60	61	62	63	64	65	
I/mW											

指导教师签字：_____　　日期：_____

【实验内容和数据处理】

1. 验证马吕斯定律。

将表 19-1 中的数据按照 $\delta I = I - I_{min}$（I_{min} 为 $\alpha = 0°$时的光功率），$I' = (\delta I)_{max} \cdot \cos^2(\alpha + \pi/2)$ 进行换算，并将换算结果整理后填入表 19-3。（因为检偏器 P_2 与起偏器 P_1 正交，在验证马吕斯定律时需要对 α 修正 $\pi/2$。）

表 19-3 P_2 转动角度 α 与光功率 I 数据整理表

$\alpha/(°)$	0	15	30	45	60	75	90	105	120
I/mW									
$\delta I/mW$									
I'/mW									
$\alpha/(°)$	135	150	165	180	195	210	225	240	255
I/mW									
$\delta I/mW$									
I'/mW									
$\alpha/(°)$	270	285	300	315	330	345	360		
I/mW									
$\delta I/mW$									
I'/mW									

在同一**坐标纸**上分别作出 δI-α、I'-α 曲线图，对比两条曲线，分析测量结果是否符合马吕斯定律。

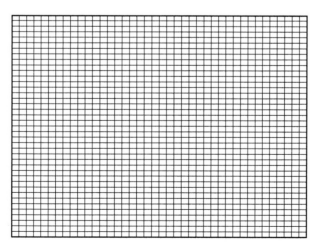

2. 测定布儒斯特角。

表 19-4   黑玻璃转动角度 α 与光功率 I 的数据整理表

$\alpha/(°)$	45	46	47	48	49	50	51	52	53	54	55
I/mW											
$\delta I/mW$											

$\alpha/(°)$	56	57	58	59	60	61	62	63	64	65
I/mW										
$\delta I/mW$										

在坐标纸上作出 δI-α 曲线图。从图中可以得出**布儒斯特角** $i_0 = $ _____。

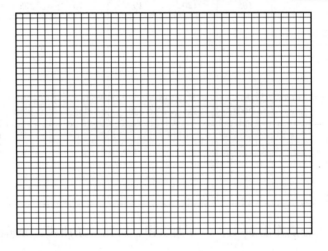

【问题讨论】

如何利用本实验的设备测玻璃的折射率?

20　铁磁材料的磁滞回线和磁化曲线的测量

班级：_____　　学号：_____　　姓名：_____

周次：第_____周；星期_____；时段：_____（填"上午、下午或晚上"）

设备号：_____　　　　　　　　　　　　成绩：_____

【实验目的】

1. 了解铁磁质在磁场中磁化的原理及其磁化规律。
2. 学习和掌握材料剩磁的消磁方法。
3. 测定样品的基本磁化曲线，作 $\mu\text{-}H$ 曲线。
4. 测绘样品的磁滞回线，估算其磁滞损耗。

【实验仪器】

DH4516 型磁滞回线实验仪、DH4516B 智能型磁滞回线测试仪、双踪示波器、导线若干。

【实验原理及预习问题】

1. 什么是磁化？什么叫作基本磁化曲线？它与起始磁化曲线有何区别？

2. 实验中直接测量的是哪个物理量？与 H、B 有何联系？示波器的 X、Y 轴各表示什么？

【实验数据记录】

注意：原始数据记录不得用铅笔填写，不得大量涂改！

1. 测绘 B_m-H_m 和 μ-H 曲线。

表 20-1 测绘 B_m-H_m 和 μ-H 曲线数据记录表

U/V	0	0.5	0.9	1.2	1.5	1.8	2.1	2.4	2.7	3.0
$H_m/10^4 A \cdot m^{-1}$										
$B_m/10^2 T$										

2. 测绘 B-H 曲线。

表 20-2 测绘 B-H 曲线数据记录表

序号	$H/10^4 A \cdot m^{-1}$	$B/10^2 T$	序号	$H/10^4 A \cdot m^{-1}$	$B/10^2 T$	序号	$H/10^4 A \cdot m^{-1}$	$B/10^2 T$
1			16			31		
2			17			32		
3			18			33		
4			19			34		
5			20			35		
6			21			36		
7			22			37		
8			23			38		
9			24			39		
10			25			40		
11			26			41		
12			27			42		
13			28			43		
14			29			44		
15			30			45		

（注意：要采样到四个象限的数据）

指导教师签字：_____   日期：_____

【实验内容和数据处理】

1. 测绘 B_m-H_m 和 μ-H 曲线。

表 20-3　测绘 B_m-H_m 和 μ-H 数据整理表

U/V	0	0.5	0.9	1.2	1.5	1.8	2.1	2.4	2.7	3.0
$H_m/10^4 A \cdot m^{-1}$										
$B_m/10^2 T$										
$\mu = (B_m/H_m)/H \cdot m^{-1}$										

用坐标纸绘制 B_m-H_m 和 μ-H 曲线。

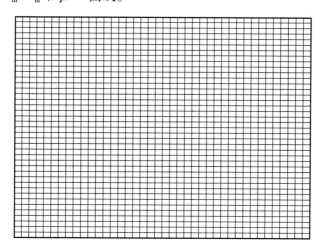

2. 测绘 B-H 曲线。

表 20-4　测绘 B-H 曲线数据整理表

序号	$H/10^4 A \cdot m^{-1}$	$B/10^2 T$	序号	$H/10^4 A \cdot m^{-1}$	$B/10^2 T$	序号	$H/10^4 A \cdot m^{-1}$	$B/10^2 T$
1			11			21		
2			12			22		
3			13			23		
4			14			24		
5			15			25		
6			16			26		
7			17			27		
8			18			28		
9			19			29		
10			20			30		

（续）

序号	$H/10^4\,\mathrm{A}\cdot\mathrm{m}^{-1}$	$B/10^2\,\mathrm{T}$	序号	$H/10^4\,\mathrm{A}\cdot\mathrm{m}^{-1}$	$B/10^2\,\mathrm{T}$	序号	$H/10^4\,\mathrm{A}\cdot\mathrm{m}^{-1}$	$B/10^2\,\mathrm{T}$
31			36			41		
32			37			42		
33			38			43		
34			39			44		
35			40			45		

用坐标纸绘制 $B\text{-}H$ 曲线。

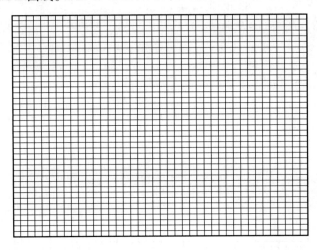

【问题讨论】

1. 为什么在测量前必须进行退磁？如何退磁？

2. 通过磁滞回线，可以估算样品的磁滞损耗吗？如果可以，请简述估算过程。

21 *RLC* 电路的暂态过程

班级: _____ 学号: _____ 姓名: _____

周次: 第_____周; 星期_____; 时段: _____ (填"上午、下午或晚上")

设备号: _____   成绩: _____

【实验目的】

1. 研究 *RC*、*RL* 及 *RLC* 电路的暂态过程，加深对电容、电感特性的认识和对时间常数的理解。

2. 分别观测 *RLC* 串联电路三种阻尼暂态过程，掌握其形成和转化条件。

3. 学会用示波器观测暂态过程。

【实验仪器】

DH4505 型交流电路综合实验仪、双通道示波器、导线若干。

【实验原理及预习问题】

1. 简述 *RC* 和 *RLC* 电路的暂态过程。画出实验电路图，并在图中标出主要元件。

2. *RLC* 电路存在哪几种不同的阻尼状态？临界电阻是什么？

【实验数据记录】

注意：原始数据记录不得用铅笔填写，不得大量涂改！

1. 观测 RC 电路的暂态过程。

表 21-1　RC 电路的暂态过程数据记录表　　　$f = 500\,\text{Hz}$；$C =$ _____ μF

$R/\text{k}\Omega$	0.1	4	8
状态曲线			

2. 测绘 RLC 串联电路的三种阻尼状态波形。

表 21-2　RLC 电路的暂态过程数据记录表　　　$f = 500\,\text{Hz}$；$C = 0.01\,\mu\text{F}$；$L = 10\,\text{mH}$

阻尼状态	过　阻　尼	临界阻尼	欠　阻　尼
$R/\text{k}\Omega$			
状态曲线			

3. 测内容 2 中欠阻尼状态的振荡周期。

表 21-3　RLC 串联电路欠阻尼状态的振荡周期数据记录表

示波器的扫描频率：_____ ms/大格；_____ ms/小格

第 i 峰位	1	2	3	4	5	6
坐标（计小格子数）						
对应时间 t_i/ms						

指导教师签字：_____　　日期：_____

【实验内容和数据处理】

1. 观测 *RC* 电路的暂态过程。

1）U_C 波形随时间常数 τ 的变化规律：

2）τ 的物理意义：

2. 测绘 *RLC* 串联电路的三种阻尼状态波形。

1）过阻尼情况下 U_C 波形随电阻 R 的变化规律：

2）临界阻尼情况下 U_C 波形随电阻 R 的变化规律：

3）欠阻尼情况下 U_C 波形随电阻 R 的变化规律：

3. 测内容 2 中记录的欠阻尼状态的振荡周期 T。

表 21-4 测 *RLC* 串联电路欠阻尼状态的振荡周期数据整理表

示波器的扫描频率：_____ ms／大格；_____ ms／小格

第 i 峰位	1	2	3	4	5	6
坐标（计小格子数）						
对应时间 t_i／ms						

1）振荡周期 $\overline{T}$、Δ_T 及结果表示：

$$\overline{T} = \frac{1}{9}\sum_{i=1}^{3}\left(t_{i+3} - t_i\right) =$$

$$\Delta_T = \frac{1}{9}\sqrt{6\Delta_{仪}^2} \approx 0.272\Delta_{仪} =$$

$$T = \overline{T} \pm \Delta_T =$$

2）振荡周期理论值 T_0：

$$T_0 = \frac{2\pi}{\omega} = 2\pi\sqrt{LC}\Big/\sqrt{1 - R^2C/4L} =$$

3）振荡周期百分差 E：

$$E = \frac{\left|\overline{T} - T_0\right|}{T_0} \times 100\% =$$

【问题讨论】

1. 在 RC 电路中，若固定 R 而改变方波频率 f，波形会怎样变化？

2. 在 RLC 电路中，若方波发生器的频率 f 很高或很低，能观察到阻尼振荡的波形吗？

22　磁阻传感器特性研究

班级：＿＿＿＿＿＿＿＿＿　　学号：＿＿＿＿＿＿＿＿＿　　姓名：＿＿＿＿＿＿＿＿＿

周次：第＿＿＿＿周；星期＿＿＿＿；时段：＿＿＿＿＿（填"上午、下午或晚上"）

设备号：＿＿＿＿＿＿＿　　　　　　　　　　　　　　成绩：＿＿＿＿＿＿＿＿＿

【实验目的】

1. 测量电磁铁励磁电流与磁感应强度的关系。
2. 测量锑化铟传感器的电阻与磁感应强度的关系。
3. 测量锑化铟传感器处于弱正弦信号交流磁场中时，传感器输出信号出现的倍频效应。

【实验仪器】

FD-MR-Ⅱ型磁阻效应实验装置、电阻箱、航空插线、导线若干。

【实验原理及预习问题】

1. 什么是磁阻效应？实验中为什么要保持流过磁阻元件的电流不变？画出实验电路图。

2. 在强、弱磁场中，磁阻传感器电阻相对变化率 $\delta R/R(0)$ 与 B 的关系有什么不同？

【实验数据记录】

注意：原始数据记录不得用铅笔填写，不得大量涂改！

1. 测量励磁电流 I_M 与磁感应强度 B 的关系。

表 22-1　励磁电流 I_M 与磁感应强度 B 的关系数据记录表

I_M/mA	0	10	20	30	40	50	60	70	80	90	100
B/mT											

2. 磁阻传感器电阻的相对改变量 $\delta R/R(0)$ 与 B 的关系。

表 22-2　磁感应强度 B 与磁阻传感器两端电压 U_R 的关系数据记录表

B/mT	0	10	20	30	40	50	60	70
U_R/mV								
B/mT	80	90	100	150	200	250	300	350
U_R/mV								

指导教师签字：＿＿＿＿＿＿＿＿　　日期：＿＿＿＿＿＿＿＿

【实验内容和数据处理】

1. 测量励磁电流 I_M 与磁感应强度 B 的关系。

1）对照教材中电路图，将电源、电阻箱和磁阻传感器连接成一个完整电路。

2）首先在励磁电流为零的情况下，将毫特计调零。然后励磁电流取不同数值时，分别记录对应的磁感应强度 B。

表 22-3　励磁电流 I_M 与磁感应强度 B 的关系数据整理表

I_M/mA	0	10	20	30	40	50	60	70	80	90	100
B/mT											

在坐标纸上作出 I_M-B 曲线，并对曲线进行拟合。

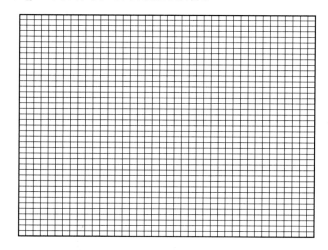

2. 磁阻传感器电阻的相对改变量 $\delta R/R(0)$ 与 B 的关系。

1）调节电阻箱阻值 $R = 300\Omega$，电压 $U = 300\mathrm{mV}$，则电流 $I = 1.00\mathrm{mA}$。

2）改变励磁电流大小，记录对应的磁阻传感器两端的电压 U_R 值。

表 22-4　磁阻效应数据整理表

B/mT	U_R/mV	$R(B)/\Omega$	$\delta R/\Omega$	$\delta R/R(0)$
0				
10				
20				
30				
40				
50				

（续）

B/mT	U_R/mV	$R(B)/\Omega$	$\delta R/\Omega$	$\delta R/R(0)$
60				
70				
80				
90				
100				
150				
200				
250				
300				

完成上面表格，在坐标纸上作出 $\delta R/R(0)$-B 曲线，并根据曲线特征进行**分段拟合**。弱磁场（B 低于某一值时）拟合成 $y = kx^2$ 形式，强磁场（B 高于某一值时）拟合成 $y = kx + b$ 形式。

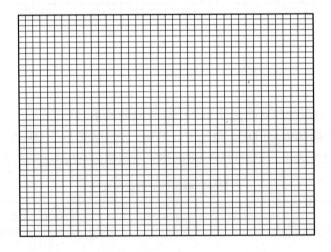

【问题讨论】

实验中，如果磁场较弱且周期变化，如 $B = B_0 \cos\omega t$，则磁阻如何变化？

23 半导体 PN 结的物理特性及弱电流测量

【实验目的】

1. 测量室温下 PN 结电流与电压的关系，证明此关系符合玻尔兹曼分布规律。
2. 在不同温度条件下，测量玻尔兹曼常量。
3. 学习用运算放大器组成电流-电压变换器测量弱电流。

【实验仪器】

PN 结物理特性测试仪、TIP31 型三极管（带引线）、3DG6 三极管、铂电阻、信号线及导线若干。

【实验原理及预习问题】

1. 简述 PN 结伏安特性及测定玻尔兹曼常量 k 的原理。画出实验电路图。

2. 用集成运算放大器组成电流-电压变换器测量 $10^{-11} \sim 10^{-6}$A 量级电流，与光点反射式检流计相比具有什么优点？

【实验数据记录】

注意：原始数据记录不得用铅笔填写，不得大量涂改！

1. 室温下发射极电压 U_1 与基极电压 U_2 的关系。

室温检测：记录数据开始时 t_{R1} = ＿＿＿＿＿℃，记录数据结束时 t_{R2} = ＿＿＿＿＿℃

表 23-1 室温下发射极电压 U_1 与基极电压 U_2 的关系数据记录表

U_1/V	0.310	0.320	0.330	0.340	0.350	0.360	0.370	0.380	0.390	0.400	0.410	0.420
U_2/V												

2. 设定温度 t = ＿＿＿＿＿℃ 时，发射极电压 U_1 与基极电压 U_2 的关系。

记录数据开始时 t_1 = ＿＿＿＿＿℃，记录数据结束时 t_2 = ＿＿＿＿＿℃

表 23-2 $\bar{t}$ = ＿＿＿＿＿℃ 时，发射极电压 U_1 与基极电压 U_2 的关系数据记录表

U_1/V	0.310	0.320	0.330	0.340	0.350	0.360	0.370	0.380	0.390	0.400	0.410	0.420
U_2/V												

指导教师签字：＿＿＿＿＿＿＿＿＿　　日期：＿＿＿＿＿＿＿＿＿

【实验内容和数据处理】

1. 室温下发射极电压 U_1 与基极电压 U_2 的关系。

室温检测：记录数据开始时 t_{R1} = _____℃，记录数据结束时 t_{R2} = _____℃，

取：$\bar{t}_R = (t_{R1} + t_{R2})/2$ = _____℃

表 23-3　室温下发射极电压 U_1 与基极电压 U_2 的关系数据整理表

U_1/V	0.310	0.320	0.330	0.340	0.350	0.360	0.370	0.380	0.390	0.400	0.410	0.420
U_2/V												

在**坐标纸**上作出 U_2-U_1 曲线图，并描述曲线的变化特点。

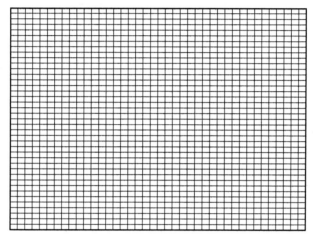

2. 设定温度 t = _____℃ 时，发射极电压 U_1 与基极电压 U_2 的关系。

（1）开启仪器加热开关，设定干井恒温器温度 t = _____℃。

（2）待 PN 结与干井设定温度一致时，改变 U_1 的值，记录对应的 U_2 值。

记录数据开始时 t_1 = _____℃，记录数据结束时 t_2 = _____℃。

取：$\bar{t} = (t_1 + t_2)/2$ = _____℃

表 23-4　$\bar{t}$ = _____℃ 时 U_1 与 U_2 的关系数据整理表

U_1/V	0.310	0.320	0.330	0.340	0.350	0.360	0.370	0.380	0.390	0.400	0.410	0.420
U_2/V												
$\ln U_2$												

在坐标纸上作出 $\ln U_2$-U_1 曲线图，并进行线性拟合，计算玻尔兹曼常量 $k = e/bT$，并与标准值（$k_0 = 1.38 \times 10^{-23}\text{J·K}^{-1}$）比较求出百分差 E。

拟合方法（二选一）：（1）可用计算机软件（如 Matlab、Origin 等）进行拟合；（2）利用公式拟合成 $\ln U_2 = a + bU_1$ 形式，其中 $b = \dfrac{\overline{U_1 \cdot \ln U_2} - \overline{U_1} \cdot \overline{\ln U_2}}{\overline{U_1^2} - \overline{U_1}^2}$，$a = \overline{\ln U_2} - b\overline{U_1}$。

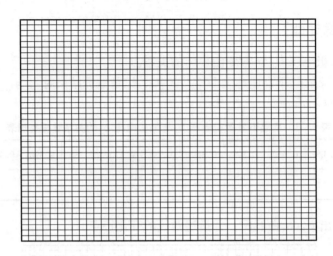

通过拟合得：$b =$

玻尔兹曼常量：$k = \dfrac{e}{bT} =$

百分差：$E = \dfrac{|k - k_0|}{k_0} \times 100\% =$

【问题讨论】

本实验温度对 PN 结的物理特性是否有影响？不同温度环境下的特性测试对求得的玻尔兹曼常量 k 是否有影响？

24　空气中声速的测定

班级：_____　学号：_____　姓名：_____

周次：第_____周；星期_____；时段：_____（填"上午、下午或晚上"）

设备号：_____　　　　　　　　　　　　成绩：_____

【实验目的】

1. 用共振干涉法和相位比较法测定超声波的传播速度。
2. 加深对振动合成及驻波等知识的理解。
3. 培养综合使用仪器的能力。

【实验仪器】

声速测定仪（包括 2 个压电换能器）、低频信号发生器、示波器等。

【实验原理及预习问题】

1. 简述共振干涉法（驻波法）测声速的原理。

2. 简述相位比较法（行波法）测声速的原理。

【实验数据记录】

注意：原始数据记录不得用铅笔填写，不得大量涂改！

1. 共振干涉（驻波）法测声速。

表 24-1　驻波法测量数据记录表　　　（共振频率 $f=$ _____ Hz，室温 $t=$ _____ ℃）

A_m 位置	1	2	3	4	5	6	7	8	9	10	11	12
x_i/mm												

2. 相位比较（行波）法测声速。

表 24-2　行波法测量数据记录表　　　（共振频率 $f=$ _____ Hz，室温 $t=$ _____ ℃）

A_m 位置	1	2	3	4	5	6	7	8	9	10	11	12
x_i/mm												

3. 信号发生器 $\Delta_{01}=$ _____；

　　螺旋测微器 $\Delta_{02}=$ _____；

指导教师签字：_____　　日期：_____

【实验内容和数据处理】

1. 线路连接与仪器调整。
2. 共振干涉（驻波）法测声速。

表 24-3　驻波法测量数据整理表　　　（共振频率 $f =$ _____ Hz，室温 $t =$ _____ ℃）

A_m位置	1	2	3	4	5	6	7	8	9	10	11	12
x_i/mm												

1）计算波长的平均值 $\overline{\lambda}$ 和不确定度 Δ_λ：

$$\overline{\lambda} = 2 \times \frac{1}{36} \sum_{i=1}^{6} (x_{i+6} - x_i) =$$

$$\Delta_\lambda = \frac{1}{18} \sqrt{12} \Delta_{02} \approx 0.1925\Delta_{02} =$$

2）计算声速的平均值 $\overline{v}$、不确定度 Δ_v 及结果表示：

$$\begin{cases} \overline{v} = \overline{f}\,\overline{\lambda} = \\[2mm] E_v = \dfrac{\Delta_v}{\overline{v}} = \sqrt{\left(\dfrac{\Delta_{01}}{\overline{f}}\right)^2 + \left(\dfrac{\Delta_\lambda}{\overline{\lambda}}\right)^2} = \\[2mm] \Delta_v = E_v \overline{v} = \end{cases}$$

结果表示：$\begin{cases} v = \overline{v} \pm \Delta_v = \\[2mm] E_v = \dfrac{\Delta_v}{\overline{v}} \times 100\% = \end{cases}$

3）空气中声速的理论值 v_0：

$$v_0 = 331.45 + 0.54t =$$

4）与理论值比较百分差 E：

$$E = \frac{|\overline{v} - v_0|}{v_0} \times 100\% =$$

3. 相位比较（行波）法测声速。

表 24-4　行波法测量数据整理表　　　（共振频率 $f =$ _____ Hz，室温 $t =$ _____ ℃）

A_m位置	1	2	3	4	5	6	7	8	9	10	11	12
x_i/mm												

1）计算波长的平均值 $\overline{\lambda}$ 和不确定度 Δ_λ：

$$\overline{\lambda} = 2 \times \frac{1}{36} \sum_{i=1}^{6} (x_{i+6} - x_i) =$$

$$\Delta_\lambda = \frac{1}{18} \sqrt{12} \Delta_{02} \approx 0.1925\Delta_{02} =$$

2）计算声速的平均值 $\overline{v}$、不确定度 Δ_v 及结果表示：

$$
\begin{cases}
\overline{v} = \overline{f}\ \overline{\lambda} = \\
E_v = \dfrac{\Delta_v}{\overline{v}} = \sqrt{\left(\dfrac{\Delta_{01}}{\overline{f}}\right)^2 + \left(\dfrac{\Delta_{\lambda}}{\overline{\lambda}}\right)^2} = \\
\Delta_v = E_v \overline{v} =
\end{cases}
$$

结果表示：
$$
\begin{cases}
v = \overline{v} \pm \Delta_v = \\
E_v = \dfrac{\Delta_v}{\overline{v}} \times 100\% =
\end{cases}
$$

3）空气中声速的理论值 v_0：

$v_0 = 331.45 + 0.54t =$

4）与理论值比较百分差 E：

$$E = \frac{\left|\overline{v} - v_0\right|}{v_0} \times 100\% =$$

【问题讨论】

共振干涉法测声速中，随着发射器和接收器之间距离的增大，图形的最大振幅越来越小，为什么？

25 非线性电路混沌实验

班级：_____   学号：_____   姓名：_____

周次：第_____周；星期_____；时段：_____（填"上午、下午或晚上"）

设备号：_____   成绩：_____

【实验目的】

1. 建立一个非线性电路，该电路包括有源非线性负阻、LC 振荡器和 RC 移相器三部分。

2. 研究 LC 振荡器产生的正弦波与经过 RC 移相器移相后的正弦波合成的相图，观察振动周期内发生的分岔及混沌现象。

3. 测量非线性负阻的 I-U 特性。

【实验仪器】

FD-NCE-Ⅱ型非线性电路混沌实验仪、双踪示波器、低频信号发生器、电阻箱、电容器、导线若干、磁环（带骨架）。

【实验原理及预习问题】

1. 简述本实验电路产生混沌现象的原理。

2. 非线性负阻电路在本实验中的作用是什么？

【实验数据记录】

注意：原始数据记录不得用铅笔填写，不得大量涂改！

1. 观察并描绘倍周期分岔和混沌现象。

本内容需用手机拍照留存，照片需打印出来并粘贴在【实验内容和数据处理】中的相应位置！

2. 测量有源非线性负阻的伏安特性。

表 25-1　伏安特性曲线数据记录表

次　数	U/V	R/Ω	次　数	U/V	R/Ω
1			21		
2			22		
3			23		
4			24		
5			25		
6			26		
7			27		
8			28		
9			29		
10			30		
11			31		
12			32		
13			33		
14			34		
15			35		
16			36		
17			37		
18			38		
19			39		
20			40		

指导教师签字：_____　　日期：_____

【实验内容和数据处理】

1. 在示波器上观察并记录倍周期分岔和混沌现象。

将一个环行相图周期定为 P，要求观测并记录 $2P$、$4P$、阵发混沌、$3P$、单吸引子（混沌）、双吸引子（混沌）共 6 个相图和相应的 "CH1" 和 "CH2" 的输出波形。

相图及相应波形图照片粘贴处！

2. 测量有源非线性负阻的伏安特性。

测量非线性负阻在电压 $U<0$ 时的伏安特性，记录数据，作 I-U 关系图，并进行分段直线拟合。

表 25-2 伏安特性曲线数据整理表

次数	U/V	R/Ω	$I/10^{-3}A$	次数	U/V	R/Ω	$I/10^{-3}A$
1				21			
2				22			
3				23			
4				24			
5				25			
6				26			
7				27			
8				28			
9				29			
10				30			
11				31			
12				32			
13				33			
14				34			
15				35			
16				36			
17				37			
18				38			
19				39			
20				40			

根据表中数据，绘制图形如下：

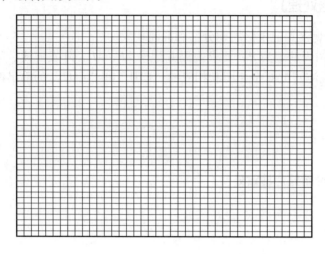

【问题讨论】

1. 为什么要采用 RC 移相器，并且用相图来观察倍周期分岔等现象？

2. 阐述倍周期分岔、混沌、奇怪吸引子等概念的物理含义？

26 动态法测弹性模量

班级：_____	学号：_____	姓名：_____

周次：第_____周；星期_____；时段：_____（填"上午、下午或晚上"）

设备号：_____ 　　　　　　　　　　成绩：_____

【实验目的】

1. 学习用动态悬挂法测定材料的弹性模量。
2. 正确判别材料的共振峰值。
3. 培养学生综合应用物理仪器的能力。
4. 培养学生研究探索的科学精神。

【实验仪器】

YM-2 型弹性模量实验仪测试台、信号发生器、示波器、米尺、游标卡尺、物理天平、待测试样。

【实验原理及预习问题】

1. 共振法测量材料弹性模量的原理是什么？

2. 什么叫外延测量法？使用时应注意什么问题？

【实验数据记录】

注意：原始数据记录不得用铅笔填写，不得大量涂改！

1. 测量棒的长度 l、直径 d 和质量 m。（棒的质量只测量 1 次）

表 26-1　测量棒的有关参数数据记录表

参　　数	铜棒（$m_1 = $ _____ g）					不锈钢棒（$m_2 = $ _____ g）				
	1	2	3	4	5	1	2	3	4	5
直径 d_i/mm										
长度 l_i/mm										

2. 测量棒在室温时的共振频率。

表 26-2　测量棒不同悬挂位置与其对应的基频共振频率数据记录表

外延距离 x/mm	节 点 外 侧				节 点 内 侧			
	− 20	− 15	− 10	− 5	+ 5	+ 10	+ 15	+ 20
f_{01}/Hz								
f_{02}/Hz								

3. 各测量仪器误差限取值。

① 测棒质量仪器：$\Delta_1 = $ _____ ；

② 测棒直径仪器：$\Delta_2 = $ _____ ；

③ 测棒长度仪器：$\Delta_3 = $ _____ ；

④ 测棒共振频率仪器：$\Delta_4 = $ _____ 。

指导教师签字：_____　　日期：_____

【实验内容和数据处理】

1. 测量棒的长度 l、直径 d 和质量 m。（其中质量单次测量即可）

表 26-3 测量棒的有关参数数据整理表

参 数	铜棒（$m_1 = $ _____ g）					不锈钢棒（$m_2 = $ _____ g）				
	1	2	3	4	5	1	2	3	4	5
直径 d_i/mm										
长度 l_i/mm										

1）**铜棒**直径 d_1、长度 l_1 的数据处理：

$$\bar{d_1} = \frac{1}{n}\sum_{i=1}^{n} d_{1i} = \qquad\qquad \bar{l_1} = \frac{1}{n}\sum_{i=1}^{n} l_{1i} =$$

$$S_{d_1} = \sqrt{\frac{\sum_{i=1}^{n}(d_{1i}-\bar{d_1})^2}{n-1}} =$$

$$S_{l_1} = \sqrt{\frac{\sum_{i=1}^{n}(l_{1i}-\bar{l_1})^2}{n-1}} =$$

$$\Delta_{d_1} = \sqrt{S_{d_1}^2 + \Delta_2^2} = \qquad\qquad \Delta_{l_1} = \sqrt{S_{l_1}^2 + \Delta_3^2} =$$

2）**不锈钢棒**直径 d_2、长度 l_2 的数据处理：

$$\bar{d_2} = \frac{1}{n}\sum_{i=1}^{n} d_{2i} = \qquad\qquad \bar{l_2} = \frac{1}{n}\sum_{i=1}^{n} l_{2i} =$$

$$S_{d_2} = \sqrt{\frac{\sum_{i=1}^{n}(d_{2i}-\bar{d_2})^2}{n-1}} =$$

$$S_{l_2} = \sqrt{\frac{\sum_{i=1}^{n}(l_{2i}-\bar{l_2})^2}{n-1}} =$$

$$\Delta_{d_2} = \sqrt{S_{d_2}^2 + \Delta_2^2} = \qquad\qquad\qquad \Delta_{l_2} = \sqrt{S_{l_2}^2 + \Delta_3^2} =$$

2. 测量棒在室温时的共振频率。

表 26-4　测量棒不同悬挂位置与其对应的基频共振频率数据整理表

外延距离 x/mm	节 点 外 侧				节 点 内 侧			
	-20	-15	-10	-5	$+5$	$+10$	$+15$	$+20$
f_{01}/Hz								
f_{02}/Hz								

　　以 x 为横轴、f 为纵轴在坐标纸上**分别**作出铜棒和不锈钢棒的 $f\text{-}x$ 关系曲线，找出曲线与纵轴的交点。这个点对应的纵坐标就代表悬挂点在节点处时棒做基频振动的频率 $\bar{f}_{01}$、$\bar{f}_{02}$。

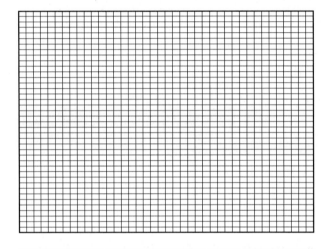

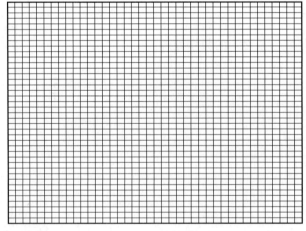

　　从 $f\text{-}x$ 关系曲线可以得出：

$\bar{f}_{01} = $ _____　；$\bar{f}_{02} = $ _____ 。

3. 计算试样棒的弹性模量。室温下不锈钢和铜的弹性模量分别约为 $E_{01} = 2.0 \times 10^{11}\,\text{N}\cdot\text{m}^{-2}$ 和

$E_{02} = 1.2 \times 10^{11} \, \mathrm{N \cdot m^{-2}}$，计算测量的百分差。

1）铜棒的弹性模量及百分差：

$$
\begin{cases}
\overline{E}_1 = 1.6067 \times \dfrac{\overline{l}_1^3 \, \overline{m}_1}{\overline{d}_1^4} \overline{f}_{01}^2 = \\[4mm]
E_{E_1} = \dfrac{\Delta_{E_1}}{\overline{E}_1} = \sqrt{\left(\dfrac{\Delta_1}{\overline{m}_1}\right)^2 + \left(\dfrac{4\Delta_2}{\overline{d}_1}\right)^2 + \left(\dfrac{3\Delta_3}{\overline{l}_1}\right)^2 + \left(\dfrac{2\Delta_4}{\overline{f}_{01}}\right)^2} = \\[4mm]
\Delta_{E_1} = E_{E_1} \cdot \overline{E}_1 =
\end{cases}
$$

结果表示：
$$
\begin{cases}
E_1 = \overline{E}_1 \pm \Delta_{E_1} = \\[3mm]
E_{E_1} = \dfrac{\Delta_{E_1}}{\overline{E}_1} \times 100\% =
\end{cases}
$$

百分差 $E = \dfrac{|\overline{E}_1 - E_{01}|}{E_{01}} \times 100\% =$

2）不锈钢棒的弹性模量及百分差：

$$
\begin{cases}
\overline{E}_2 = 1.6067 \times \dfrac{\overline{l}_2^3 \, \overline{m}_2}{\overline{d}_2^4} \overline{f}_{02}^2 = \\[4mm]
E_{E_2} = \dfrac{\Delta_{E_2}}{\overline{E}_2} = \sqrt{\left(\dfrac{\Delta_1}{\overline{m}_2}\right)^2 + \left(\dfrac{4\Delta_2}{\overline{d}_2}\right)^2 + \left(\dfrac{3\Delta_3}{\overline{l}_2}\right)^2 + \left(\dfrac{2\Delta_4}{\overline{f}_{02}}\right)^2} = \\[4mm]
\Delta_{E_2} = E_{E_2} \cdot \overline{E}_2 =
\end{cases}
$$

结果表示：
$$
\begin{cases}
E_2 = \overline{E}_2 \pm \Delta_{E_2} = \\[3mm]
E_{E_2} = \dfrac{\Delta_{E_2}}{\overline{E}_2} \times 100\% =
\end{cases}
$$

百分差 $E = \dfrac{|\overline{E}_2 - E_{02}|}{E_{02}} \times 100\% =$

【问题讨论】

1. 如何鉴别试样棒正处在基频下共振?

2. 激励信号是正弦信号，为什么拾取的信号却不是正弦信号?

27 利用光栅衍射原理测光波波长

班级：_____　　学号：_____　　姓名：_____

周次：第_____周；星期_____；时段：_____（填"上午、下午或晚上"）

设备号：_____　　　　　　　　　　　　成绩：_____

【实验目的】

1. 熟悉分光计的调节。
2. 理解光栅衍射现象。
3. 学习用光栅衍射法测定光的波长。

【实验仪器】

分光计、平面透射光栅、低压汞灯、平行平面反射镜。

【实验原理及预习问题】

1. 简述利用分光计和光栅测定光波长的原理。画出实验光路图，并在图中标出主要元件。

2. 实验中如何满足光栅面与入射光垂直的条件？

【实验数据记录】

注意：原始数据记录不得用铅笔填写，不得大量涂改！

1. 测量光栅光谱一级衍射角。

表 27-1　一级衍射角数据记录表

角位置 θ	θ_1	θ_1'	θ_2	θ_2'
蓝光				
绿光				
黄 1				
黄 2				

2. 基本参数与测量仪器误差限取值。

① 光栅常数 d = _____；

② 分光计：Δ_1 = _____ ′ = _____ rad。

指导教师签字：_____　日期：_____

【实验内容和数据处理】

1. 分光计的调整。
2. 测量光栅光谱一级衍射角。

表 27-2　光栅衍射一级衍射角数据整理表

角位置 θ	θ_1	θ_1'	θ_2	θ_2'	$\|\theta_1 - \theta_2\|$	$\|\theta_1' - \theta_2'\|$
蓝光（b）						
绿光（g）						
黄 1（y1）						
黄 2（y2）						

数据处理过程：

1）计算各光谱一级衍射角 $\overline{\varphi}$ 及不确定度 Δ_φ：

$$\overline{\varphi}_b = \frac{1}{4}(\,|\theta_1 - \theta_2| + |\theta_1' - \theta_2'|\,) =$$

$$\overline{\varphi}_g = \frac{1}{4}(\,|\theta_1 - \theta_2| + |\theta_1' - \theta_2'|\,) =$$

$$\overline{\varphi}_{y1} = \frac{1}{4}(\,|\theta_1 - \theta_2| + |\theta_1' - \theta_2'|\,) =$$

$$\overline{\varphi}_{y2} = \frac{1}{4}(\,|\theta_1 - \theta_2| + |\theta_1' - \theta_2'|\,) =$$

$$\Delta_{\varphi_b} = \Delta_{\varphi_g} = \Delta_{\varphi_{y1}} = \Delta_{\varphi_{y2}} = \frac{1}{4}\sqrt{4\Delta_1^2} = \frac{1}{2}\Delta_1 =$$

2）根据光栅方程式计算出所对应的波长 $\overline{\lambda}$ 及 Δ_λ，写出各测量结果的表达式：

① $\begin{cases} \overline{\lambda}_b = d \cdot \sin\overline{\varphi}_b = \\ \Delta_{\lambda_b} = d \cdot \cos\overline{\varphi}_b \cdot \Delta_{\varphi_b} = \end{cases}$　　$\begin{cases} \lambda_b = \overline{\lambda}_b \pm \Delta_{\lambda_b} = \\ E_{\lambda_b} = \dfrac{\Delta_{\lambda_b}}{\overline{\lambda}_b} \times 100\% = \end{cases}$

② $\begin{cases} \overline{\lambda}_g = d \cdot \sin\overline{\varphi}_g = \\ \Delta_{\lambda_g} = d \cdot \cos\overline{\varphi}_g \cdot \Delta_{\varphi_g} = \end{cases}$　　$\begin{cases} \lambda_g = \overline{\lambda}_g \pm \Delta_{\lambda_g} = \\ E_{\lambda_g} = \dfrac{\Delta_{\lambda_g}}{\overline{\lambda}_g} \times 100\% = \end{cases}$

③ $\begin{cases} \overline{\lambda}_{y1} = d \cdot \sin\overline{\varphi}_{y1} = \\ \Delta_{\lambda_{y1}} = d \cdot \cos\overline{\varphi}_{y1} \cdot \Delta_{\varphi_{y1}} = \end{cases}$　　$\begin{cases} \lambda_{y1} = \overline{\lambda}_{y1} \pm \Delta_{\lambda_{y1}} = \\ E_{\lambda_{y1}} = \dfrac{\Delta_{\lambda_{y1}}}{\overline{\lambda}_{y1}} \times 100\% = \end{cases}$

④ $\begin{cases} \overline{\lambda}_{y2} = d \cdot \sin\overline{\varphi}_{y2} = \\ \Delta_{\lambda_{y2}} = d \cdot \cos\overline{\varphi}_{y2} \cdot \Delta_{\varphi_{y2}} = \end{cases}$　　$\begin{cases} \lambda_{y2} = \overline{\lambda}_{y2} \pm \Delta_{\lambda_{y2}} = \\ E_{\lambda_{y2}} = \dfrac{\Delta_{\lambda_{y2}}}{\overline{\lambda}_{y2}} \times 100\% = \end{cases}$

3）与相应的标准值比较，百分差分别为：

$$E_b = \frac{|\overline{\lambda}_b - \lambda_{0b}|}{\lambda_{0b}} \times 100\% = \qquad\qquad E_g = \frac{|\overline{\lambda}_g - \lambda_{0g}|}{\lambda_{0g}} \times 100\% = $$

$$E_{y1} = \frac{|\overline{\lambda}_{y1} - \lambda_{0y1}|}{\lambda_{0y1}} \times 100\% = \qquad\qquad E_{y2} = \frac{|\overline{\lambda}_{y2} - \lambda_{0y2}|}{\lambda_{0y2}} \times 100\% = $$

【问题讨论】

1. 在分光计的调整过程中，已利用平行平面反射镜将载物台调平，放上光栅后，为何还要再调载物台？能否利用光栅一次调成？

2. 在已知入射光波长的情况下，如何实现分光计和光栅元件测得光栅常数？试简述实验方案。

28 金属电阻与热敏电阻温度特性的研究

班级：＿＿＿＿＿＿＿＿＿＿＿ 学号：＿＿＿＿＿＿＿＿＿＿＿ 姓名：＿＿＿＿＿＿＿＿＿＿＿

周次：第＿＿＿＿周；星期＿＿＿＿＿；时段：＿＿＿＿＿（填"上午、下午或晚上"）

设备号：＿＿＿＿＿＿＿＿＿＿ 成绩：＿＿＿＿＿＿＿＿＿

【实验目的】

1. 了解热敏电阻温度传感器的测温原理。
2. 掌握温度系数的测定原理和方法。
3. 测定金属电阻（Pt100）和 NTC 半导体热敏电阻的温度特性曲线。

【实验仪器】

YJ-RZ-4A 数字智能化热学综合实验仪、恒温加热盘、支架、Pt100 传感器和 NTC 半导体传感器各 1 只、数字万用表。

【实验原理及预习问题】

1. 简述金属电阻的温度特性。一般工业用铂电阻有两种规格：Pt100 和 Pt500，试说明这两规格分别表示什么含义？

2. 简述半导体热敏电阻的温度特性。

【实验数据记录】

注意：原始数据记录不得用铅笔填写，不得大量涂改！

1. 测 Pt100 的 R-t 曲线，并求出电阻温度系数 α。

表 28-1　Pt100 的 R-t 关系数据记录表

$t/℃$	50	60	70	80	90	100
R/Ω						

2. 测 NTC 半导体热敏电阻的 R-t 曲线。

表 28-2　NTC 的 R-t 关系数据记录表

$t/℃$	50	60	70	80	90	100
R/Ω						

指导教师签字：_____　　日期：_____

【实验内容和数据处理】

1. 测 Pt100 的 *R-t* 曲线，并求出电阻温度系数 α。

1）安装、连接好实验装置。

2）当上盘分别加热到**设定**的温度并恒定在此温度时，将 Pt100 插入恒温腔中，引线接入数字万用表，测出此温度下 Pt100 的电阻值。

表 28-3　Pt100 的 *R-t* 关系数据整理表

t/℃	50	60	70	80	90	100
R/Ω						

根据以上数据，在坐标纸上描绘 *R-t* 曲线，并描述曲线特点。

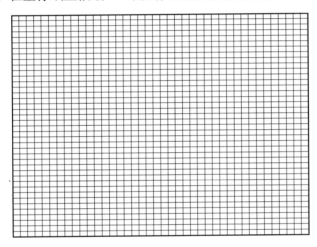

计算电阻温度系数 α：从 *R-t* 曲线上任取相距较远的两点 (t_1, R_1) 及 (t_2, R_2)，则

$$\alpha = \frac{R_2 - R_1}{R_0(t_2 - t_1)} =$$

2. 测 NTC 半导体热敏电阻的 *R-t* 曲线。

1）将 Pt100 换成 NTC 热敏电阻传感器。

2）当上盘分别加热到**设定**的温度并恒定在此温度时，将 NTC 插入恒温腔中，引线接入数字万用表，测出此温度下 NTC 的电阻值。

表 28-4　NTC 的 *R-t* 关系数据整理表

t/℃	50	60	70	80	90	100
R/Ω						

在坐标纸上绘出 *R-t* 曲线及 $\ln R_T$-$1/T$ 曲线，验证 $\ln R_T$ 和 $1/T$ 的线性关系。

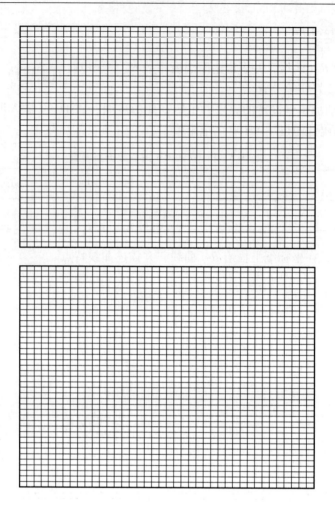

【问题讨论】

相比金属电阻，NTC 半导体热敏电阻有哪些优、缺点？试举例说明 NTC 半导体热敏电阻的重要应用。

29 太阳能电池基本特性的研究

班级：_____　　　学号：_____　　　姓名：_____

周次：第_____周；星期_____；时段：_____（填"上午、下午或晚上"）

设备号：_____　　　　　　　　　　　　　成绩：_____

【实验目的】

1. 了解太阳能电池的工作原理及其应用。
2. 测量太阳能电池的暗伏安特性。
3. 研究太阳能电池的开路电压和短路电流与光强之间的关系。
4. 测量太阳能电池的输出特性。

【实验仪器】

ZKY-SAC-Ⅰ太阳能电池特性实验仪、导轨、碘钨灯、单晶硅太阳能电池、多晶硅太阳能电池、非晶硅太阳能电池、光功率采样器、可变负载、滑动支架、遮光罩。

【实验原理及预习问题】

1. 简述太阳能电池的工作原理。

2. 单晶硅太阳能电池、多晶硅太阳能电池、非晶硅太阳能电池主要性能区别是什么？

【实验数据记录】

注意：原始数据记录不得用铅笔填写，不得大量涂改！

1. 单晶硅太阳能电池的暗伏安特性测量。

表 29-1　单晶硅太阳能电池的暗伏安特性测量数据记录表

电压 U/V	−8	−7	−6	−5	−4	−3	−2	−1	0	0.3	0.6
电流 I/mA											
电压 U/V	0.9	1.2	1.5	1.8	2.1	2.4	2.7	3.0	3.3	3.6	3.9
电流 I/mA											

2. 单晶硅太阳能电池开路电压和短路电流与光强关系的测量。

表 29-2　单晶硅太阳能电池开路电压与短路电流随光强变化关系数据记录表

距离/cm	10	15	20	25	30	35	40	45	50
光强 J/W·m^{-2}									
开路电压 U_{oc}/V									
短路电流 I_{sc}/mA									

3. 单晶硅太阳能电池的输出特性实验。

表 29-3　单晶硅太阳能电池输出特性实验光强数据记录表　　　$J =$ _____ W·m^{-2}

输出电流 I/mA									
输出电压 U/V									
输出电流 I/mA									
输出电压 U/V									

指导教师签字：_____　　　日期：_____

【实验内容和数据处理】

1. 单晶硅太阳能电池的暗伏安特性测量。

表 29-4　单晶硅太阳能电池的暗伏安特性测量数据整理表

电压 U/V	-8	-7	-6	-5	-4	-3	-2	-1	0	0.3	0.6
电流 I/mA											
电压 U/V	0.9	1.2	1.5	1.8	2.1	2.4	2.7	3.0	3.3	3.6	3.9
电流 I/mA											

根据表 29-4 中的数据，绘出单晶硅太阳能电池的 I-U 曲线。

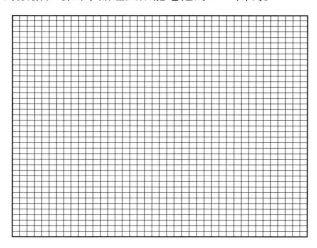

通过曲线特点，分析太阳能电池的暗伏安特性与一般的二极管伏安特性差别：

2. 单晶硅太阳能电池开路电压和短路电流与光强关系的测量。

表 29-5　单晶硅太阳能电池开路电压与短路电流随光强变化关系数据整理表

距离/cm	10	15	20	25	30	35	40	45	50
光强 J/W·m^{-2}									
开路电压 U_{oc}/V									
短路电流 I_{sc}/mA									

根据表 29-5 中的数据，绘出单晶硅太阳能电池的 U_{oc}-J 及 I_{sc}-J 关系曲线。

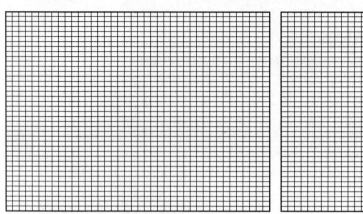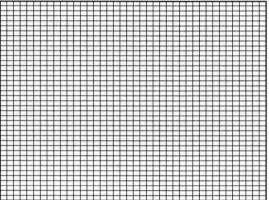

3. 单晶硅太阳能电池输出特性实验。

表 29-6　单晶硅太阳能电池输出特性实验光强数据整理表　　　　$J =$ _____ $\mathrm{W \cdot m^{-2}}$

输出电流 I/mA								
输出电压 U/V								
输出功率 P/mW								
输出电流 I/mA								
输出电压 U/V								
输出功率 P/mW								

1）根据表 29-6 中的数据，在坐标纸上绘出单晶硅太阳能电池的输出 U-I 及 P-I 曲线；

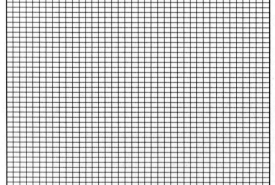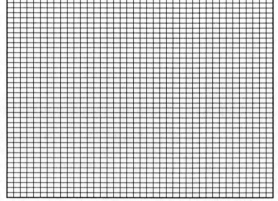

2）从曲线上可得最大功率点 $P_{\max} =$ _____，
此时对应的 $I_{\mathrm{m}} =$ _____；$U_{\mathrm{m}} =$ _____；
电阻值 $R_{\mathrm{m}} = U_{\mathrm{m}}/I_{\mathrm{m}} =$ _____，此电阻即为最佳匹配负载。

3）计算填充因子 FF 和转换效率 η_{s}。其中，入射到太阳能电池板上的光功率 $P_{\mathrm{in}} = JS$，

J 为入射到太阳能电池板表面的光强，S 为太阳能电池板面积（约为 $50\text{mm} \times 50\text{mm}$）。

① $FF = \dfrac{P_{\max}}{U_{oc}I_{sc}} = \dfrac{U_{m}I_{m}}{U_{oc}I_{sc}} =$

② $\eta_{s} = \dfrac{P_{\max}}{P_{in}} \times 100\% = \dfrac{P_{\max}}{JS} \times 100\% =$

【问题讨论】

1. 为了得到较高的光电转化效率，太阳能电池在高温下工作有利还是低温下工作有利？为什么？

2. 不同单色光下太阳能电池的光照特性有什么变化？为什么？

30 LED 特性的测试研究

班级：_____ 学号：_____ 姓名：_____

周次：第_____周；星期_____；时段：_____（填"上午、下午或晚上"）

设备号：_____ 成绩：_____

【实验目的】

1. 了解 LED 的工作原理及其应用。
2. 测量 LED 的伏安特性。
3. 测量 LED 的电光转换特性。
4. 测量 LED 输出光空间分布特性。

【实验仪器】

LED 光发射器、照度检测探头、激励电源、测试控制器、实验仪及 LED 试件盒等。

【实验原理及预习问题】

1. 简述发光二极管的发光原理。

2. LED 的伏安特性有什么特征？

【实验数据记录】

注意：原始数据记录不得用铅笔填写，不得大量涂改！

1. 高亮 LED 伏安特性与电光转换特性的测量。

表 30-1　高亮 LED 伏安特性与电光转换特性的测量数据记录表　　　照度背景值：_____

红色 （r）	电压 U/V	−5	−3	−1	0	0.5	1.0							
	电流 I/mA							0.1	0.2	0.5	1	2	4	8	12	16	20
	照度示值 E/lx													
绿色 （g）	电压 U/V	−5	−3	−1	0	1.0	2.0							
	电流 I/mA							0.1	0.2	0.5	1	2	4	8	12	16	20
	照度示值 E/lx													
蓝色 （b）	电压 U/V	−5	−3	−1	0	1.0	2.0							
	电流 I/mA							0.1	0.2	0.5	1	2	4	8	12	16	20
	照度示值 E/lx													
白色 （w）	电压 U/V	−5	−3	−1	0	1.0	2.0							
	电流 I/mA							0.1	0.2	0.5	1	2	4	8	12	16	20
	照度示值 E/lx													

2. 高亮 LED 输出光空间分布特性测量。

表 30-2　高亮 LED 输出光空间分布特性测量数据记录表　　　照度背景值：_____

实际角度 θ/(°)	−14	−12	−10	−8	−6	−4	−2	0	2	4	6	8	10	12	14
红色（r）照度示值 E/lx															
绿色（g）照度示值 E/lx															
蓝色（b）照度示值 E/lx															
白色（w）照度示值 E/lx															

指导教师签字：_____　　日期：_____

【实验内容和数据处理】

1. 伏安特性与电光转换特性的测量。

表 30-3　高亮 LED 伏安特性与电光转换特性的测量数据整理表　　　照度背景值：＿＿＿＿＿＿

红色 （r）	电压 U/V	−5	−3	−1	0	0.5	1.0								
	电流 I/mA							0.1	0.2	0.5	1	2	4	8	12	16	20
	照度示值 E/lx															
	实际照度 E_r/lx															
绿色 （g）	电压 U/V	−5	−3	−1	0	1.0	2.0								
	电流 I/mA							0.1	0.2	0.5	1	2	4	8	12	16	20
	照度示值 E/lx															
	实际照度 E_r/lx															
蓝色 （b）	电压 U/V	−5	−3	−1	0	1.0	2.0								
	电流 I/mA							0.1	0.2	0.5	1	2	4	8	12	16	20
	照度示值 E/lx															
	实际照度 E_r/lx															
白色 （w）	电压 U/V	−5	−3	−1	0	1.0	2.0								
	电流 I/mA							0.1	0.2	0.5	1	2	4	8	12	16	20
	照度示值 E/lx															
	实际照度 E_r/lx															

1）整理并完成表 30-3；

2）分别画出 4 只 LED 试件的 U-I 和 E_r-I 特性曲线，与教材中 LED 的 U-I 特性曲线图比较，分析异同原因；

红色　　　　　　　　　　　　　　　绿色

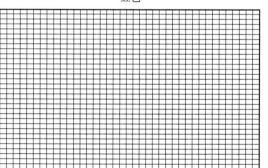
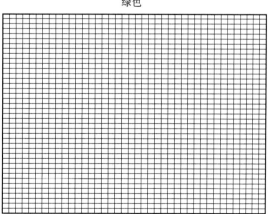

异同原因分析：

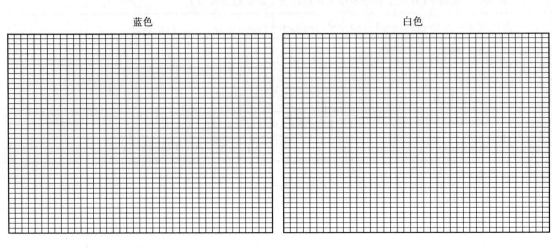

蓝色　　　　　　　　　　　　　　　　　　　　白色

3）根据描绘曲线分别求出开启电压 U_{Ar} = _____ ，U_{Ag} = _____ ，U_{Ab} = _____ ，U_{Aw} = _____ 。

E_r-I 特性曲线的变化规律描述：

2. LED 输出光空间分布特性测试。

表 30-4　高亮 LED 输出光空间分布特性测量数据整理表　　　照度背景值：_____

实际角度 $\theta/(°)$		−14	−12	−10	−8	−6	−4	−2	0	2	4	6	8	10	12	14
红色（r）	照度示值 $E/$lx															
	实际照度 $E_r/$lx															
绿色（g）	照度示值 $E/$lx															
	实际照度 $E_r/$lx															
蓝色（b）	照度示值 $E/$lx															
	实际照度 $E_r/$lx															
白色（w）	照度示值 $E/$lx															
	实际照度 $E_r/$lx															

1）整理并完成表 30-4；

2）分别画出 4 只 LED 试件的输出光空间分布特性曲线（即 E_r-θ 曲线）；

3）分别求出半值角 $\varphi_{1/2}$ 和视角 φ。

红色

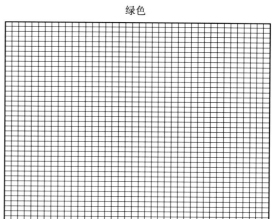

绿色

蓝色

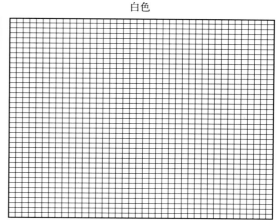

白色

在 E_r-θ 曲线图中标识出逆、顺时针方向分别对应的半值角 $|\varphi_{l-1/2}|$、$|\varphi_{r-1/2}|$。取半值角 $\varphi_{1/2} = \dfrac{|\varphi_{l-1/2}| + |\varphi_{r-1/2}|}{2}$，视角 $\varphi = 2\varphi_{1/2}$。按照此方法求得高亮 LED 红、绿、蓝和白色四色对应的半值角和视角，填入下表。

表 30-5　高亮 LED 半值角和视角

	红　色	绿　色	蓝　色	白　色
半值角 $\varphi_{1/2}$				
视角 φ				

【问题讨论】

1. 有哪些方法可以提高 LED 的发光强度？

2. 试举几例简述 LED 在日常生活中的实际应用。

31 金属电子逸出功及荷质比的测定

班级：_____ 学号：_____ 姓名：_____

周次：第_____周；星期_____；时段：_____（填"上午、下午或晚上"）

设备号：_____ 成绩：_____

【实验目的】

1. 了解有电子发射的基本规律。
2. 用里查逊直线法测定金属（钨）电子的逸出功。
3. 研究二极管的伏安特性，并用伏安法测定电子荷质比（又称比荷）。
4. 综合学习直线测量法、外延测量法和补偿测量法等多种基本实验方法。

【实验仪器】

金属电子逸出功测定仪（包括理想二极管、二极管灯丝温度测量系统，专用电源，测量阳极电压、电流等的电表）。

【实验原理及预习问题】

1. 什么是金属电子的逸出功？并简述里查逊直线法测金属电子逸出功的原理。

2. 简述伏安法测电子荷质比的原理。

【实验数据记录】

注意：原始数据记录不得用铅笔填写，不得大量涂改！

1. 金属电子逸出功的测定。

表 31-1　金属电子逸出功实验中测量阳极电流数据记录表

U_a/V		25	36	49	64	81	100	121	144
I_a/10^{-6}A	$I_{f1}=0.55\text{A}$								
	$I_{f2}=0.60\text{A}$								
	$I_{f3}=0.65\text{A}$								
	$I_{f4}=0.70\text{A}$								
	$I_{f5}=0.75\text{A}$								

2. 伏安法测量电子荷质比。

表 31-2　伏安法测量电子荷质比数据记录表

二极管阳极内径 $D =$ _____ mm；长度 $L =$ _____ mm

测 量 次 数	1	2	3	4	5	6	7	8	9	10
U_a/V										
I_a/mA										

指导教师签字：_____　　　日期：_____

【实验内容和数据处理】

1. 熟悉仪器装置，连接好实验电路，接通电源，预热 10min。
2. 测金属电子的逸出功。

表 31-3　金属电子逸出功实验中测量阳极电流数据整理表

U_a/V		25	36	49	64	81	100	121	144
I_a/10^{-6}A	I_{f1} = 0.55 A								
	I_{f2} = 0.60 A								
	I_{f3} = 0.65 A								
	I_{f4} = 0.70 A								
	I_{f5} = 0.75 A								

将表 31-3 中的数据换算至表 31-4 中。

表 31-4　测金属电子逸出功数据换算表（一）

$\sqrt{U_a}$		5	6	7	8	9	10	11	12
$\lg I_a$	T_1 = 1800K								
	T_2 = 1880K								
	T_3 = 1960K								
	T_4 = 2040K								
	T_5 = 2120K								

根据表 31-4 中的数据，绘出各温度对应的 $\lg I_a$-$\sqrt{U_a}$ 图线，得到各图线截距 $\lg I$，填入表 31-5，并进行相应换算。

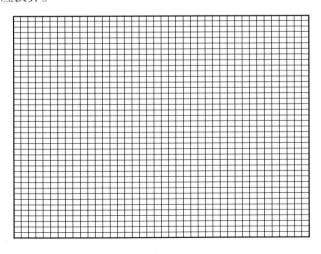

表 31-5 测金属电子逸出功数据换算表（二）

T/K	1800	1880	1960	2040	2120
$\lg I$					
I					
$\dfrac{I}{T^2}$					
$\dfrac{1}{T}/10^{-4}\mathrm{K}^{-1}$					
$\lg\dfrac{I}{T^2}$					

根据表 31-5 中的数据，在坐标纸上绘出 $\lg\dfrac{I}{T^2}$-$\dfrac{1}{T}$ 图线。从直线斜率求出钨的逸出功 $e\varphi$。已知逸出功公认值 $e\varphi_0 = 4.54\mathrm{eV}$，求出百分差。

1）斜率：$\kappa =$

2）钨的逸出功：$e\varphi = 3.174 \times 10^{-23}\kappa =$

3）百分差：$E = \dfrac{|e\varphi - e\varphi_0|}{e\varphi_0} \times 100\% =$

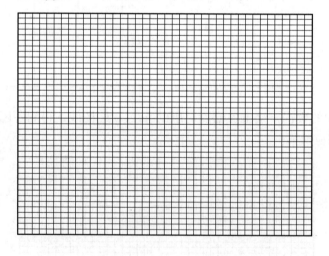

3. 测量二极管的伏安特性曲线，求出电子荷质比。

表 31-6 伏安法测电子荷质比数据整理表

测 量 次 数	1	2	3	4	5	6	7	8	9	10
U_a/V										
$\sqrt{U_a^3}$										
I_a/mA										

在坐标纸上绘出 I_a - $\sqrt{U_a^3}$ 关系曲线，经拟合后得到斜率 κ，进而**计算电子荷质比 e/m**，与约定真值（$e/m = 1.759 \times 10^{11} C/kg$）比较**求出百分差**。

1）斜率：$\kappa =$

2）电子荷质比：$\dfrac{e}{m} = \dfrac{1}{2} \cdot \left(\dfrac{9R\kappa}{8\pi\varepsilon_0 L} \right)^2 =$

3）百分差：$E = \dfrac{\left| (e/m)_{测} - (e/m)_{约} \right|}{(e/m)_{约}} \times 100\% =$

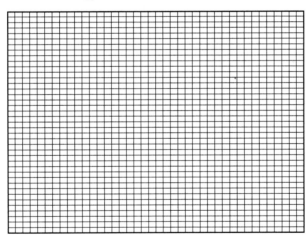

【问题讨论】

1. 里查逊直线法测定金属（钨）电子的逸出功有什么优点？

2. 简单描述真空电子管的伏安特性。

32　物理探索实验

【实验名称】

【实验目的】

【实验仪器】

【现象描述及原理解释】

　　➲ 现象1.

　　ᴖ 原理：

➲ 现象 2.

๑ 原理：

➲ 现象 3.

๑ 原理：

【问题讨论与应用拓展】

测量误差与数据处理知识达标训练

班级：_____　　学号：_____　　姓名：_____

周次：第_____周；星期_____；时段：_____（填"上午、下午或晚上"）

设备号：_____　　　　　　　　　　　　成绩：_____

1. 指出下列各量有几位有效数字：

（1）$d = 0.0001\text{cm}$；（2）$T = 1.0002\text{s}$；（3）$U = 0.5\text{V}$；（4）$c = 2.99792458 \times 10^8 \text{m} \cdot \text{s}^{-1}$

答：（1）_____位；（2）_____位；（3）_____位；（4）_____位。

2. 已知 $N = x + y - 2z$，其中 $x = (123.06 \pm 0.01)\text{cm}$，$y = (12.1245 \pm 0.0004)\text{cm}$，$z = (28.206 \pm 0.001)\text{cm}$。求 $N = \overline{N} \pm \Delta_N$。

解：$\overline{N} = \overline{x} + \overline{y} - 2\overline{z} =$

$\Delta_N = \sqrt{\Delta_x^2 + \Delta_y^2 + 4\Delta_z^2} =$

$N = \overline{N} \pm \Delta_N =$

3. 改正下列各题中的错误：

（1）$N = (13.0600 \pm 0.002)\text{cm}$；

（2）$1.5\text{m} = 1500\text{mm}$；

（3）$L = (28000 \pm 8000)\text{mm}$；

（4）$0.0221 \times 0.0221 = 0.00048841$。

答：（1）更正为：_____；（2）更正为：_____；

（3）更正为：_____；（4）更正为：_____。

4. 利用有效数字简算法则计算下列各式：

（1）$57.654 + 2.4 =$ _____；

（2）$247.50 - 5.5 =$ _____；

（3）$231 \times 0.100 =$ _____；

（4）$247.50 \div 0.10 =$ _____。

参 考 文 献

［1］刘国营. 大学物理实验［M］. 2 版. 北京：机械工业出版社，2014.

［2］黄楚云，贺华. 大学物理实验报告学习指导. 2 版［M］. 北京：科学出版社，2017.

［3］朱鹤年. 基础物理实验教程［M］. 北京：高等教育出版社，2003.

［4］杨述武，等. 普通物理实验：光学部分［M］. 北京：高等教育出版社，2007.

［5］陶纯匡，等. 大学物理实验［M］. 北京：机械工业出版社，2005.

［6］徐建强. 大学物理实验［M］. 北京：科学出版社，2006.

［7］施卫. 大学物理实验［M］. 北京：机械工业出版社. 2006.